F. R. Connor

Modulation

Aus dem Programm
Nachrichtentechnik

Die elektromagnetischen Felder, von A. v. Weiss

Schaltungen der Nachrichtentechnik, von Dieter Stoll

System- und Signaltheorie, von Otto Mildenberger

DFÜ — Datenfernübertragung im Apple-Pascal-System,
von Klaus D. Tillmann

Datenfernübertragung, von Peter Welzel

Elemente der angewandten Elektronik, von Erwin Böhmer

Laplace-Transformation von J. G. Holbrook

Signale
Typen, Übertragung und Verarbeitung
elektrischer Signale

Rauschen
Zufallssignale, Rauschmessung,
Systemvergleich

Modulation
Analog-, Digital- und Pulssysteme

von F. R. Connor

Vieweg

F. R. Connor

Modulation

Analog-, Digital- und Pulssysteme

Übersetzt von Henning Früchting

Friedr. Vieweg & Sohn   Braunschweig / Wiesbaden

CIP-Titelaufnahme der Deutschen Bibliothek

Connor, Frank R.:
Modulation: Analog-, Digital- und Pulssysteme /
F. R. Connor. Übers. von Henning Früchting. —
Braunschweig; Wiesbaden: Vieweg, 1989
    Einheitssacht.: Modulation ⟨dt.⟩
    Teilausg. von: Connor, Frank R.: Introductory
    topics in electronics and telecommunication
    ISBN 3-528-04375-X

Dieses Buch ist die deutsche Übersetzung von

F. R. Connor

Modulation

Introductory Topics in Electronics and Telecommunication

© F. R. Connor
    by Edward Arnold (Publishers) Ltd,
    41 Bedford Square, London WC1B3DQ
    Second edition 1982

Übersetzung: Prof. Dr.-Ing. Henning Früchting, Universität Kassel, GhK

Der Verlag Vieweg ist ein Unternehmen der Verlagsgruppe Bertelsmann.

Umschlaggestaltung: P. Neitzke, Köln
Druck und buchbinderische Verarbeitung: W. Langelüddecke, Braunschweig
Printed in Germany

ISBN 3-528-04375-X

Vorwort

Mit diesem Buch wird der dritte Band der mehrbändigen Serie "Introductory Topics in Eletronics and Telecommunication" als Übersetzung vorgelegt. Die drei nunmehr übersetzten Titel „Signale", „Rauschen" und „Modulation" bilden eine gewisse Einheit; die drei Bände nehmen mehrfach aufeinander Bezug.

Dieses Buch bietet eine Einführung in das wichtige Thema der Modulation. Um Nachrichten drahtgebunden oder über Funk zu übertragen, ist immer irgendeine Form der Modulation vonnöten. Die bedeutendsten und in der Praxis gebräuchlichsten Methoden werden ausführlich vorgestellt. Viele durchgerechnete Beispiele helfen bei der Aneignung der Grundbegriffe und verdeutlichen die Anwendung der Theorie.

Der erste Teil des Buches behandelt die analogen Verfahren, wie Amplituden- und Frequenzmodulation sowie verwandte und abgeleitete Verfahren, wie sie in bestehenden Systemen vielfältig eingesetzt sind. Im zweiten Teil werden die Modulation mit digitalen Signalen und die Pulsmodulationsverfahren betrachtet, die in neueren Systemen Anwendung gefunden haben. Dabei wird, wie auch bei den analogen Verfahren, der Störabstand, also die Systemgüte, untersucht und mit dem idealen Übertragungssystem verglichen. Mit einem letzten Abschnitt zur Demodulation schließt der Text.

Im Anhang sind einige spezielle Probleme nochmals aufgegriffen und ausführlicher abgeleitet worden, z. B. die Wirkung der Pre- und Deemphasis auf die FM-Systemgüte oder die Berechnung des Modulationsgewinns der verschiedenen AM-Detektoren. Das ausführliche Literaturverzeichnis zeigt Wege zum ergänzenden Studium der Theorie, der Historie und der Anwendungen in neuen Systemen.

Das Buch bringt dem Leser den Stoff durch einfache Mathematik und Bilder sowie anhand von durchgerechneten Beispielen nahe. In seiner kurzen und prägnanten Form kann es als Repetitorium für Studenten dienen, die sich auf Prüfungen vorbereiten. Es liefert aber auch Grundlagenwissen für den schon länger in der Praxis tätigen Ingenieur.

August 1988   *H. Früchting*

Verwendete Symbole

f	Frequenz
f_d	Differenzfrequenz
f_i	Augenblicksfrequenz
f_h	Höchste modulierende Frequenz
f_n	Frequenz einer Rauschkomponente
f_s	Abtastfrequenz
g_m	Steilheit
k	Beliebige Konstante
m	Modulationsfaktor (Modulationstiefe) bei AM
m_f	Modulationsindex bei FM
m_p	Modulationsindex bei PM
n	Beliebige Zahl
A	Amplitude (Spitzenwert)
B	Bandbreite im Basisband
B_c	Kanalbandbreite
C	Kapazität
	Nachrichtenkapazität, Kanalkapazität
C_j	Sperrschichtkapazität
E	Energie pro Bit
$G(f)$	Spektraldichte der Amplitude
$J(n)$	Besselfunktion der Ordnung n
L	Induktivität
N	Mittlere Rauschleistung
N_o	Spektrale Rauschleistungsdichte
P_c	Mittlere Trägerleistung
P_e	Fehlerwahrscheinlichkeit
P_i	Eingangsleistung
P_o	Ausgangsleistung
R	Widerstand
$R(\tau)$	Autokorrelationsfunktion
$S(f)$	Spektraldichte der Leistung, spektrale Leistungsdichte
S/N	Signal-Rauschverhältnis
S_i/N_i	Eingangsseitiges Signal-Rauschverhältnis
S_o/N_o	Ausgangsseitiges Signal-Rauschverhältnis
T	Abtastperiode
W	Systembandbreite
	Höchste Frequenzkomponente
δ	Hubverhältnis

Δf_c	Maximale Frequenzabweichung der Trägerschwindung, Frequenzhub
$\Delta \phi$	Phasenhub
Δt	Maximale Zeitverschiebung
μ	Variabler Parameter
ρ	Korrelationskoeffizient
σ	Effektive Rauschspannung
	Spannungsabstand zwischen Quantisierungspegeln
τ	Impulsbreite
ϕ_i	Augenblicksphase
ω_c	Trägerkreisfrequenz
ω_m	Modulierende Kreisfrequenz
ω_s	Abtastkreisfrequenz

Inhaltsverzeichnis

1 Einleitung

Ein Modulationsprozeß ist nötig, um Information zu übertragen. Dabei wird irgendein Parameter einer elektromagnetischen Schwingung, der Trägerschwingung, variiert. Da die Originalinformation in einer Form vorliegt, die für die direkte Übertragung in große Entfernung ungeeignet ist, verwendet man ein Hochfrequenzsignal, dem man die Information durch den Modulationsprozeß aufprägt.

Im Laufe der Zeit sind verschiedene Modulationsverfahren erfunden worden, um die gewünschte Information möglichst effektiv mit minimaler Verzerrung übertragen zu können. Die vorzugsweise zu beachtenden Faktoren sind Signalleistung, Bandbreite, Verzerrung und Rauschleistung. Letztlich ist es das für ein System definierte Verhältnis der Signalleistung und der Rauschleistung bzw. das Signal-Rauschverhältnis (S/N-Verhältnis), das die Systemgüte festlegt.

Infolgedessen ist es nicht überraschend, eine Vielzahl von Modulationstechniken vorzufinden, die unter gegebenen praktischen Bedingungen miteinander zu konkurrieren scheinen. Diese verschiedenen Techniken können eingeteilt werden in zeitkontinuierliche (analoge) Modulationsverfahren, die eine Sinusschwingung als Träger verwenden und zeitdiskrete (digitale) Verfahren, die einen Puls, also eine Impulsfolge, als Träger verwenden; letztere werden auch Pulsmodulationsverfahren genannt. In der Vergangenheit sind vorzugsweise die analogen Methoden ausgenutzt worden. Sie sind auch jetzt noch in Gebrauch wegen der hohen Investitionen, die in den bestehenden Systemen stecken, und der grundsätzlichen Einfachheit. In zunehmendem Maße kommen nun weitergehende Fakten ins Spiel, die die Verwendung der Pulsmodulation anraten. Der Bedarf für solche Methoden zeigt steigende Tendenz.

1.1 Analoge Methoden [1]

Die beiden bedeutendsten analogen Methoden sind Amplitudenmodulation und Winkelmodulation. Amplitudenmodulation (AM) mit vorhandenem

Träger und zwei Seitenbändern ist weitverbreitet bei Anwendungen wie
Rundfunk und Funktelefon. Ein typisches AM-Signal zeigt Bild 1.1.

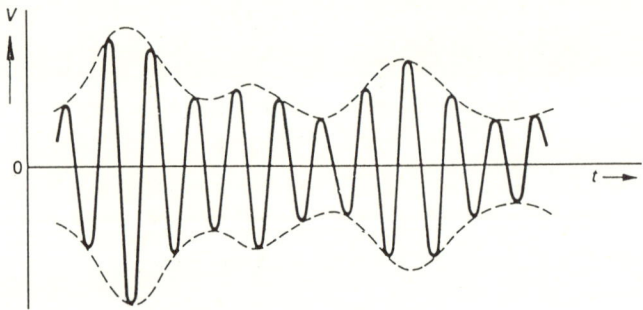

Bild 1.1 AM-Signal

Wirtschaftlichere Versionen der AM sind Restseitenbandverfahren (VSB
vestigial sideband), im Gebrauch bei Fernsehübertragung um Bandbreite
zu sparen, oder Zweiseitenband-AM mit unterdrücktem Träger (DSBSC
double-sideband suppressed carrier) und Einseitenband-AM ohne Träger
(SSB single-sideband); hier geht es darum, Sendeleistung und bei
letzterem auch Bandbreite zu sparen. Speziell SSB wird häufig in
Koaxialkabelsystemen zur Multiplexbildung eingesetzt, um mehrere
Nachrichten gleichzeitig zu übertragen. Jedoch sind AM-Systeme ihrem
Wesen nach Schmalbandsysteme, die Beschränkungen auf Grund des Rauschens, das einen direkten Einfluß auf die Signalamplitude hat,
hinnehmen müssen.

In Konkurrenz zur Amplitudenmodulation verwenden manche Systeme die
Winkelmodulation wegen ihrer Immunität gegenüber Amplitudenrauschen.
Bei der Winkelmodulation wird der Augenblickswinkel der Trägerschwingung variiert, und dies führt zu den beiden Formen, die als Frequenzmodulation (FM) bzw. als Phasenmodulation (PM) bekannt sind. Beide
stehen in enger Beziehung; praktische Systeme favorisieren eher FM.
Beispiele für FM-Systeme sind VHF-Rundfunkübertragung, Satellitenkommunikation und FM-Radar. Einerseits benötigt das FM-Signal, siehe
Bild 1.2, mehr Bandbreite als das AM-Gegenstück, andererseits kann
das FM-System eine Verbesserung im Signal-Rauschverhältnis gegenüber
dem vergleichbaren AM-System verbuchen, d. h. anders ausgedrückt,
man benötigt weniger Sendeleistung bei FM. Folglich haben FM-Systeme
bis zu einem gewissen Grade AM-Systeme verdrängt.

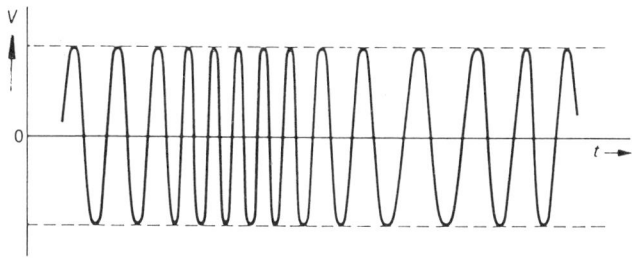

Bild 1.2 FM-Signal

1.2 Pulsmodulationsverfahren   [2]

Die Alternative zu den analogen Modulationsverfahren benutzt ein
digitales Trägersignal, einen Puls (eine Impulsfolge), dessen Si-
gnalparameter mit der zu übertragenden Information variiert werden
können. Dies kann erreicht werden, indem man mittels analoger AM-
Technik z. B. die Impulsamplitude beeinflußt. Man nennt dies Pulsamplitudenmodulation (PAM). Andere Verfahren sind gebräuchlich,

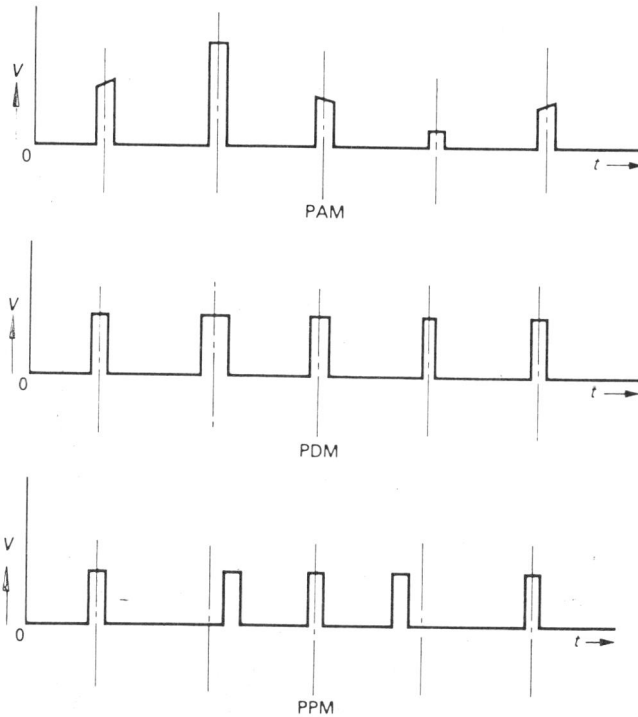

Bild 1.3 Pulsmodulationsverfahren

bei denen die Impulsdauer (Pulsdauermodulation PDM) oder die zeitliche
Position der Impulse (Pulsphasenmodulation PPM) variiert wird. Die
unterschiedlichen Formen sind in Bild 1.3 dargestellt. In Kapitel 5
wird dargelegt, daß PAM mit der Amplitudenmodulation in Beziehung
steht, PDM und PPM mit der Phasenmodulation. Die Systemqualität bei
gegebenem Signal-Rauschverhältnis (Störabstand) verbessert sich von
PAM über PDM zu PPM.

Eine andere Pulsmodulationsart, die kein analoges Gegenstück hat,
ist die Pulscodemodulation (PCM). In gewissen Applikationen ist die
Systemqualität noch besser, als bei anderen Modulationsverfahren.
Bei PCM wird die Information durch Impulsgruppen, die einem Code
entsprechen, übertragen, siehe Bild 1.4. Diese Methode erfordert
eine sehr hohe Bandbreite, man kommt jedoch mit sehr geringem Störabstand aus. Man hat hier ein typisches Beispiel für die Austauschbarkeit von Bandbreite und Störabstand vor sich, und man kommt einem
Idealsystem sehr nahe, wie es durch das Hartley-Shannon-Gesetz der
Informationstheorie beschrieben wird.

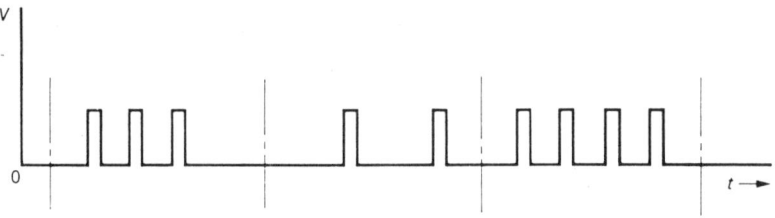

Bild 1.4 Pulscodemodulation

Eine gegenüber PCM vereinfachte Methode, die als Deltamodulation
(DM) bekannt ist, benutzt nur einen 1 bit Code; damit ergeben sich
Vereinfachungen in der Sender- und Empfängerausrüstung. Man benötigt
jedoch generell mehr Bandbreite als bei PCM. Eine Variante von DM,
die normale PCM-Codierung benutzt, ist als DPCM bekannt. Eine weitere
Entwicklung, die Delta-Sigma-Modulation (DSM), kann auch zur Übertragung von Gleichstromsignalen herangezogen werden; dies ist bei Datensystemen nützlich. Jedoch ist der augenblickliche Trend, eher PCM
oder DPCM einzusetzen, als DM und DSM.

1.3 Digitale Methoden   [3]

Werden digitale Datensignale benutzt, um einen Sinusträger zu modulieren, so spricht man von digitaler Modulation. Die drei Typen, die
hauptsächlich zum Einsatz kommen, sind Amplitudenumtastung (amplitude-
shift-keying ASK), bei der der Träger entweder ein- oder ausgeschaltet
ist, Frequenzumtastung (frequency-shift-keying FSK), bei der die
Trägerfrequenz umgeschaltet wird oder Phasenumtastung (phase-shift-
keying PSK), bei der die Trägerphase entweder 0° oder 180° beträgt.
Diese Verfahren korrespondieren in etwa mit AM, FM und PM; sie werden
speziell in digitalen Kommunikationssystemen eingesetzt.

1.4 Multiplexbildung

Für die vielkanalige Kommunikation können analoge oder Pulsmodulationsverfahren zum Einsatz kommen. Eingeführt ist die Multiplexbildung analoger Signale durch Aufteilung der zur Verfügung ste-
henden Bandbreite (frequency division multiplex FDM), beispielsweise
die Trägerfrequenztechnik in Koaxialkabelsystemen. Wachsende Anforde-
rungen an die Anzahl der Kommunikationskanäle haben zu Kabelsystemen
mit bis zu 10800 Telefonkanälen geführt; Mikrowellenstrecken über
Kommunikationssatelliten können sogar noch mehr, bis ca. 25000 Telefonkanäle, bewältigen.

Jedoch ist gerade bei digitalen Systemen die Multiplexbildung auch
durch Aufteilung der Zeitachse (time division multiplex TDM) durch-
führbar. Dies ist speziell bei PCM-Systemen attraktiv trotz erheb-
lichen Schaltungsaufwands. Die fortschreitende Entwicklung der Mikro-
elektronik hat der PCM-Technik größeren Auftrieb gegeben, und es ist
offensichtlich, daß PCM in vielen Kurzstreckensystemen, wie in Tele-
fonortsnetzen, eingeführt wird, wie bereits in Fernverbindungen, bei
denen einige tausend Kanäle über Richtfunk oder Lichtwellenleiter
übertragen werden. Die Tendenz für zukünftige Kommunikationssysteme
zeichnet sich ab, alle Nachrichten, wie Daten, Sprache, Bilder in
digitaler Form zu übertragen.

In letzter Zeit ist eine weitere Form der Multiplexbildung untersucht worden, die als Codemultiplex [4] (code division multiplex

CDM) bekannt ist und auf Korrelationsmethoden beruht [5]. Multiplexen
verschiedener Kanäle wird erreicht, indem man pseudozufällig modulierte Signalformen verwendet. Auf der Empfängerseite wird ein Korrelationsdetektor benötigt, der Informationen über die verwandte Pseudozufallsfolge, siehe Bild 1.5, gespeichert hat.

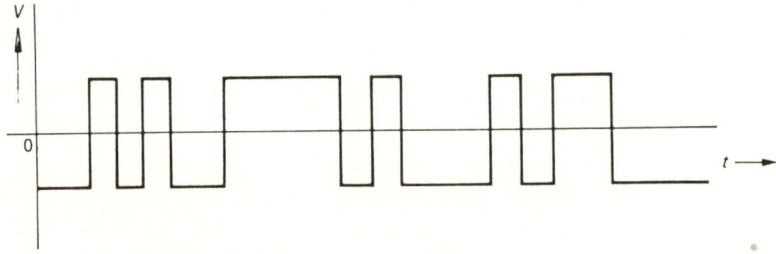

Bild   1.5   Pseudozufallsfolge, PN-Sequenz

In manchen Anwendungen bietet diese Technik gewisse Vorteile, ähnlich
wie konventionellere Methoden. Jedoch in Systemen mit geringem Störabstand werden manchmal schlechtere Ergebnisse erzielt, als bei einigen
der analogen Methoden.

2 Amplitudenmodulation

Wird durch eine modulierende Spannung die Amplitude einer Hochfrequenzträgerschwingung variiert, so spricht man von Amplitudenmodulation. Die Trägeramplitude wird linear mit dem Modulationssignal verändert. Dieses besteht, wie beispielsweise bei Sprache oder Musik, aus einer Gruppe von Tonfrequenzen. Um die Rechnung zu vereinfachen, wird zunächst ein monofrequentes Niederfrequenzsignal als modulierendes Signal betrachtet (Eintonmodulation), um sie dann später auf den praktischen Fall mit einem komplexeren NF-Signal zu erweitern.

Eine HF-Trägerschwingung werde durch $v_C = V_C \sin \omega_C t$ mit $\omega_C = 2\pi f_C$ angegeben, f_C ist die Trägerfrequenz. Wenn das modulierende Signal die Form $v_m = V_m \sin \omega_m t$ mit $\omega_m = 2\pi f_m$ (f_m = NF-Frequenz) hat, dann variiert die Amplitude des HF-Trägers sinusförmig zwischen den Werten $V_C + V_m$ und $V_C - V_m$, siehe Bild 2.1.

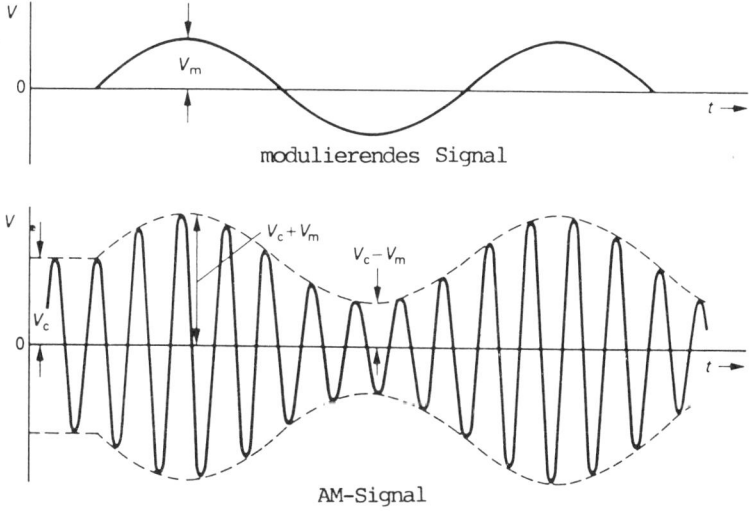

Bild 2.1 AM-Modulation

Wird der Quotient $V_m/V_C = m$ (Modulationsgrad) gesetzt, dann ist $V_m = mV_C$. Für den modulierten Träger wird dann

$$v_C = (V_C + V_m \sin \omega_m t) \sin \omega_C t$$

$$= V_C \sin \omega_C t + mV_C \sin \omega_C t \sin \omega_m t$$

Wegen $\quad\quad \sin \omega_c t \, \sin \omega_m t = \frac{1}{2}\left(\cos(\omega_c - \omega_m)t - \cos(\omega_c + \omega_m)t\right)$

gilt $\quad\quad v_c = V_c \sin \omega_c t + \left(\frac{mV_c}{2}\right)\cos(\omega_c - \omega_m)t - \left(\frac{mV_c}{2}\right)\cos(\omega_c + \omega_n)t$

2.1 AM-Spektrum

Der obige Ausdruck zeigt, daß die AM-Trägerschwingung drei Frequenzkomponenten enthält. Die Frequenz des ersten Terms ist die Trägerfrequenz, die des zweiten Terms die untere Seitenfrequenz und die des
letzten die obere Seitenfrequenz. Der Abstand der Seitenfrequenzen
vom Träger entspricht der modulierenden Frequenz f_m. Ein komplexes
modulierendes Signal, wie z. B. Sprache, erzeugt eine Reihe von Frequenzkomponenten oberhalb und unterhalb der Trägerfrequenz f_c. Man
spricht dann vom oberen und unteren Seitenband. Die Verhältnisse sind
in Bild 2.2 dargestellt.

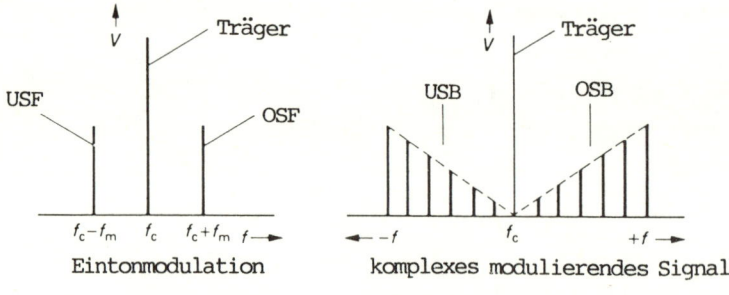

Bild 2.2 AM-Spektrum

2.2 Leistungsbetrachtung

Die gemittelte Leistung, die ein Signal in einem 1 Ω Widerstand um-
setzt, ist gleich dem Quadrat des Effektivwertes der Spannung. Ist
der Effektivwert der Trägerspannung V, so kann die Leistung, die in
einem AM-Signal steckt, wie folgt ausgedrückt werden:

$$\text{Trägerleistung} = V^2$$
$$\text{Seitenbandleistung} = 2(mV/2)^2 = m^2 V^2/2$$
$$\text{Gesamtleistung} = V^2 + m^2 V^2/2 = V^2(1 + m^2/2)$$

also $\quad\dfrac{\text{Seitenbandleistung}}{\text{Gesamtleistung}} = \dfrac{m^2 V^2/2}{V^2(1 + m^2/2)} = \dfrac{m^2}{2 + m^2}$

Anmerkungen

1. Die Maximalleistung in den Seitenbändern beträgt 50% der Trä-
    gerleistung bei m = 1.

2. Die Seitenbandleistung hängt von m^2 ab; in praktischen Systemen
    hat m einen Durchschnittswert von 30% bis 50%.

3. Der Träger und ein Seitenband können unterdrückt werden, ohne
    daß die Information zerstört wird, da sie im anderen Seitenband
    noch vollständig enthalten ist.

2.3 Zeigerdarstellung

Eine Wechselstromgröße kann als rotierender Zeiger dargestellt werden.
Um die Verhältnisse bei AM zu untersuchen, wird der Trägerzeiger als
ruhender Bezugszeiger angenommen. Die Zeiger der   Seitenfrequenzen
mit den Frequenzwerten $f_c + f_m$ und $f_c - f_m$ rotieren dann relativ zum
Bezugszeiger gegensinnig, wie im Bild 2.3 dargestellt. Die resultierende Spannung ist die Zeigersumme der drei Zeiger und sie stellt
das AM-Signal zu jedem Zeitpunkt dar.

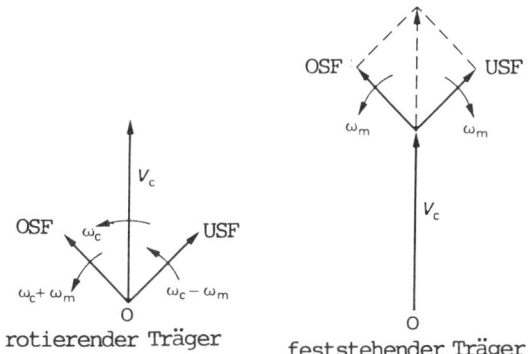

Bild 2.3 Zeigerdarstellung des AM-Signals

2.4 AM-Modulatoren   [6]

Der Zweck des AM-Modulators ist es, eine Trägerschwingung zu modulieren, und dabei zusammen mit der Trägerschwingung die Summen-und
Differenzfrequenzen zu erzeugen. Dies kann durch Verwendung von Röhren
oder Transistoren, die als nichtlineare oder lineare Modulatoren arbeiten, erreicht werden.

Nichtlineare Modulatoren

Als nichtlineares Bauteil kann beispielsweise eine Halbleiterdiode
oder ein Transistor zum Einsatz kommen. Die Prinzipschaltung zeigt
das Bild 2.4 (a), den praktischen Aufbau Bild 2.4 (b).

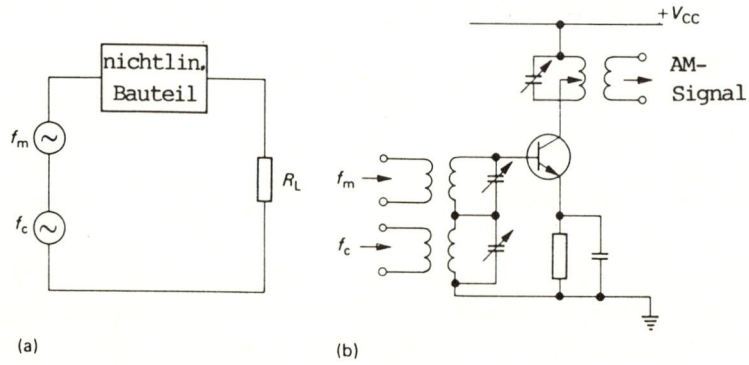

(a)   (b)

Bild 2.4 AM-Modulator

Setzt man voraus, daß das nichtlineare Element eine Kennlinie der
Form
$$i = a + b \, v + c \, v^2$$
hat, wobei v die Eingangsspannung und i der Ausgangsstrom ist, so
gilt, falls Träger und modulierendes Signal eingangsseitig in Reihe
geschaltet sind,

$$v = V_c \sin \omega_c t + V_m \sin \omega_m t$$

$$i = a + b(V_c \sin \omega_c t + V_m \sin \omega_m t)$$

$$+ c(V_c \sin \omega_c t + V_m \sin \omega_m t)^2$$

$$= a + b V_c \sin \omega_c t + b V_m \sin \omega_m t$$

$$+ c V_c^2 \sin^2 \omega_c t + 2 c V_c V_m \sin \omega_c t \sin \omega_m t$$

$$+ c V_m^2 \sin^2 \omega_m t$$

$$= a + b V_c \sin \omega_c t + b V_m \sin \omega_m t$$

$$+ c V_c V_m \cos(\omega_c - \omega_m)t - c V_c V_m \cos(\omega_c + \omega_m)t$$

$$+ c V_c^2 \sin^2 \omega_c t + c V_m^2 \sin^2 \omega_m t$$

Setzt man anstelle der Last R_L einen abgestimmten Schwingkreis ein,
so kann das gewünschte AM-Signal am Ausgang abgegriffen werden. Dies
ist in Bild 2.4 (b) gezeigt.

Lineare Modulatoren

Bei Hochleistungssendern, die eine gute Linearität erfordern, wird
üblicherweise Anodenmodulation eingesetzt. Der Modulator enthält einen
Klasse-B-Verstärker für die Niederfrequenz, der einen Klasse-C-Ver-
stärker für die HF ansteuert, siehe Bild 2.5 (a).

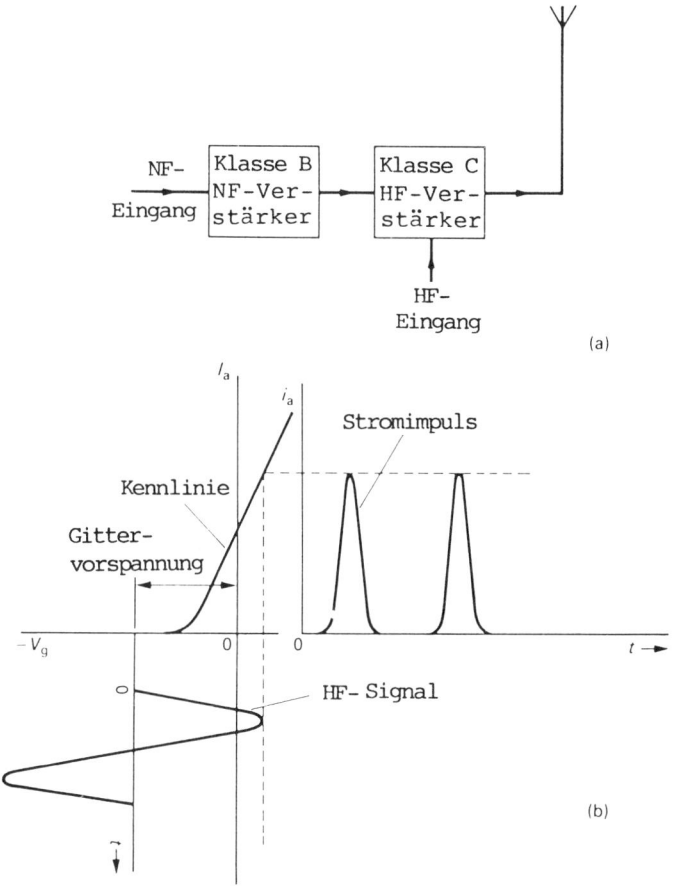

Bild 2.5 Amplitudenmodulation in der Senderendstufe

Der Arbeitspunkt des Klasse-C-Endstufe ist durch eine negative Vor-
spannung weit in den negativen Bereich verlegt, so daß der Anodenstrom

nur impulsartig während einer kurzen Zeitspanne der HF-Periode fließen
kann, siehe Bild 2.5 (b). Der Ausgangsstrom ist reich an Oberwellen;
durch Einsatz einer abgestimmten Last läßt sich bei einem Wirkungsgrad
von ca. 80 % ein praktisch unverzerrtes AM-Signal erzielen.

Beispiel 2.1

Ein Gegentakt-B-Modulationsverstärker wird benutzt, um eine Gegen-
takt-C-Hochfrequenzendstufe sinusförmig anzusteuern. Die maximale
Anodenverlustleistung der HF-Endstufe ist 250 W und ihr Anodenwirkungsgrad ist 75 %. Der B-Verstärker hat einen Anodenwirkungsgrad
von 60 % und eine maximale Anodenverlustleistung von 200 W.
(a)   Berechnen Sie die maximale HF-Ausgangsleistung der Endstufe.
(b)   Wie groß ist die maximale NF-Leistung, mit der der Modulations-
      verstärker die Endstufe ansteuern kann?
(c)   Welcher maximale Modulationsgrad ergibt sich?

Lösung

(a)   Der Endstufenwirkungsgrad η ist definiert durch

$$\eta = \frac{\text{Ausgangsleistung}}{\text{Eingangsleistung}} = \frac{P_i - P_d}{P_i}$$

wobei P_d die Anodenverlustleistung ist. Also gilt

$$P_i = \frac{P_d}{1 - \eta} = \frac{250}{1 - 0,75} = 1000 \text{ W}$$

und die maximale HF-Ausgangsleistung P_o wird

$$P_o = \eta P_i = 0,75 \cdot 1000 = 750 \text{ W}$$

(b)   Für den Modulationsverstärker gilt analog

$$\eta = \frac{P_i - P_d}{P_i}$$

wobei sich η, P_i und P_d nun auf den NF-Verstärker beziehen.

$$P_i = \frac{P_d}{1 - \eta} = \frac{200}{1 - 0,6} = 500 \text{ W}$$

Die maximale NF-Leistung, mit der die Endstufe angesteuert wird, ergibt sich also zu

$$P_m = \eta P_i = 0,6 \cdot 500 = 300 \text{ W}$$

(c)   Für die Ausgangsleistung gilt $P_o = P_C (1 + m^2/2)$; P_C ist darin
die Trägerleistung, $m^2 P_C/2$ die Leistung der Seitenbänder und m der

gesuchte Modulationsgrad. Die Seitenbandleistung wird durch den Modulationsverstärker bereitgestellt. Da die Senderendstufe jedoch nur
einen Wirkungsgrad von 75 % hat, gilt

$$m^2 P_C/2 = 0,75 \cdot 300 = 225 \text{ W}$$

Aus
$$\frac{P_S}{P_O} = \frac{m^2 P_C/2}{P_C(1 + m^2/2)} = \frac{225}{750} = \frac{3}{10}$$

folgt
$$m^2/(2 + m^2) = 3/10$$

$$m^2 = 6/7$$

$$m = 0,926$$

2.5 Andere AM-Systeme

(a) DSBSC-System

Das einfachste und gebräuchlichste AM-System ist die Zweiseitenbandübertragung mit Träger. Der Empfänger kann außerordentlich einfach
und preiswert aufgebaut werden. Da jedoch der Träger keinerlei Information enthält, kann er gänzlich oder teilweise unterdrückt werden.
So kommt man auf das DSBSC-System (Zweiseitenband-AM mit unterdrücktem
Träger, double-sideband suppressed carrier). Die Einsparung an Sendeleistung ist beträchtlich, sie beträgt bei m = 0.3 ca. 96 %.

Auf der Empfangsseite muß der Träger wieder zugesetzt werden, damit
das aufmodulierte Signal zurückgewonnen werden kann. Hierbei können
Schwierigkeiten auftreten, da die Phasenlage des Trägers möglichst
genau getroffen werden muß. Im Anhang G wird abgeleitet, daß bei ex-
akter Phasenlage die Modulation vorhanden ist, jedoch bei 90° Phasenfehler völlig fehlt bzw. nur eine Phasenmodulation feststellbar ist.
Letztere kann durch einen AM-Empfänger nicht detektiert werden.

Statt den Träger ganz zu unterdrücken, kann man auch einen Restträger
mit geringer Leistung, z. B. 26 dB unter seinem Normalwert, übertragen. Dieser kann dann im Empfänger dazu dienen, den Lokaloszillator
über eine Phasenregelschleife zu synchronisieren. Schaltungen, die
AM-Signale mit unterdrücktem Träger erzeugen, werden Balancemodulatoren genannt. Ein Balancemodulator enthält nichtlineare Elemente,

wie Röhren oder Transistoren. Eine Gegentaktanordnung ist im Bild
2.6 dargestellt.

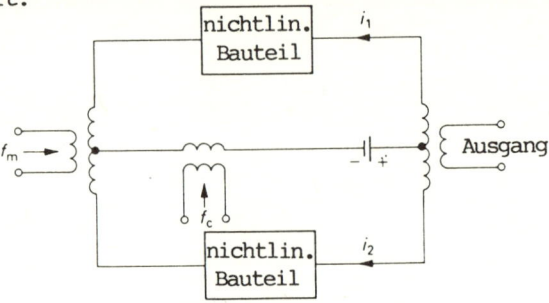

Bild 2.6 Balancemodulator in Gegentaktanordnung

Das Trägersignal in Bild 2.6 tritt in beiden Schaltungshälften pha-
sengleich, das modulierende Signal dagegen gegenphasig auf. Die Ströme
am Ausgang sind gegeben durch

$$i_1 = k(1 + m \sin \omega_m t) \sin \omega_c t$$

$$i_2 = k(1 - m \sin \omega_m t) \sin \omega_c t$$

mit der Proportionalitätskonstante k. Der Stromfluß im Ausgangsüber-
trager ist $|i_1 - i_2|$ und man erhält

$$|i_1 - i_2| = 2km \sin \omega_c t \sin \omega_m t$$

$$= km \left(\cos(\omega_c - \omega_m)t - \cos(\omega_c + \omega_m)t \right)$$

also einen Ausdruck ohne Trägeranteil.

Andere Balancemodulatoren verwenden eine Brückenanordnung von Gleich-
richtern. Typische Beispiele dafür sind der Cowan-Modulator und der
Ringmodulator. In beiden Fällen wird das einlaufende NF-Signal durch
die Gleichrichter im Takte der HF umgeschaltet, vorausgesetzt die
Trägeramplitude ist genügend groß im Vergleich zur NF, um einen nichtlinearen Betrieb sicherzustellen

Cowan-Modulator

Wenn der Punkt A in Bild 2.7 positiv gegenüber B vorgespannt ist, so
leiten alle Dioden, die Brückenschaltung wirkt als Kurzschluß und
kein NF-Signal erreicht den Ausgang. Ist A dagegen negativ gegenüber
B, so sind die Dioden in Sperrichtung vorgespannt, also hochohmig,

das NF-Signal kann ungehindert passieren. Im Takte des HF-Signals wird also das modulierende Signal ausgetastet, siehe Bild 2.8.

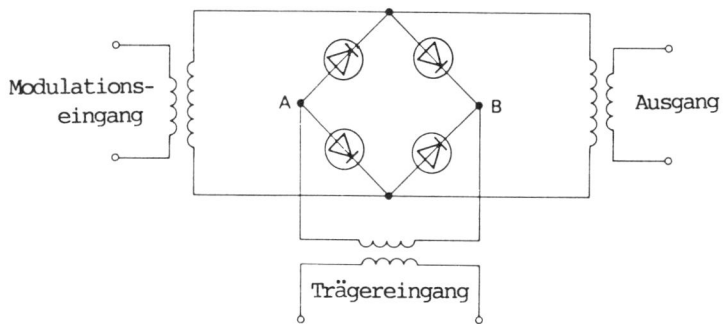

Bild 2.7 Cowan-Modulator

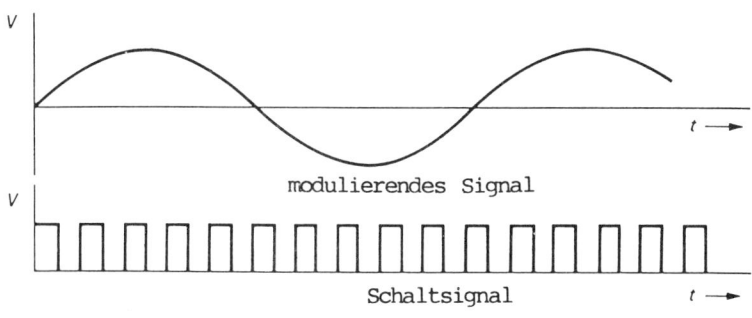

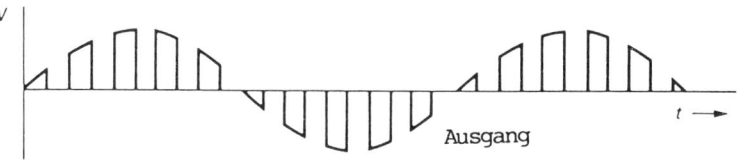

Bild 2.8 Signalformen am Cowan-Modulator

Das Ausgangssignal ist das Produkt der Rechteckschwingung mit dem NF-Signal. Die Rechteckschwingung ist gegeben durch

$$v_o = kv_s \cdot v_m = kV_m \sin \omega_m t (\frac{1}{2} + \frac{2}{\pi}\{\sin \omega_c t + \ldots\})$$

Ist das NF-Signal $v_m = V_m \sin \omega_m t$, so ist das Ausgangssignal

$$v_s = \frac{1}{2} + \frac{2}{\pi}(\sin \omega_c t + \frac{1}{3}\sin 3\omega_c t + \ldots)$$

$$= \frac{kV_m \sin \omega_m t}{2} + \frac{kV_m}{\pi}(\cos(\omega_c - \omega_m)t - \cos(\omega_c + \omega_m)t) + \ldots$$

wobei k eine Konstante mit der Dimension 1/V ist. Das Ausgangssignal enthält die beiden Seitenfrequenzen, der Träger ist nicht vorhanden.

Ringmodulator

Die Schaltung des Ringmodulators zeigt Bild 2.9. Man sieht, daß die
Trägerschwingung in die Mittelanzapfungen von Ein- und Ausgangsüber-
trager eingespeist wird. Die Dioden sind als Ring angeordnet. Dadurch
entsteht aus der Trägerschwingung eine Rechteckschwingung. Die Anordnung bewirkt eine Umschaltung des modulierenden Signals im Takte des
Trägers, siehe Bild 2.10.

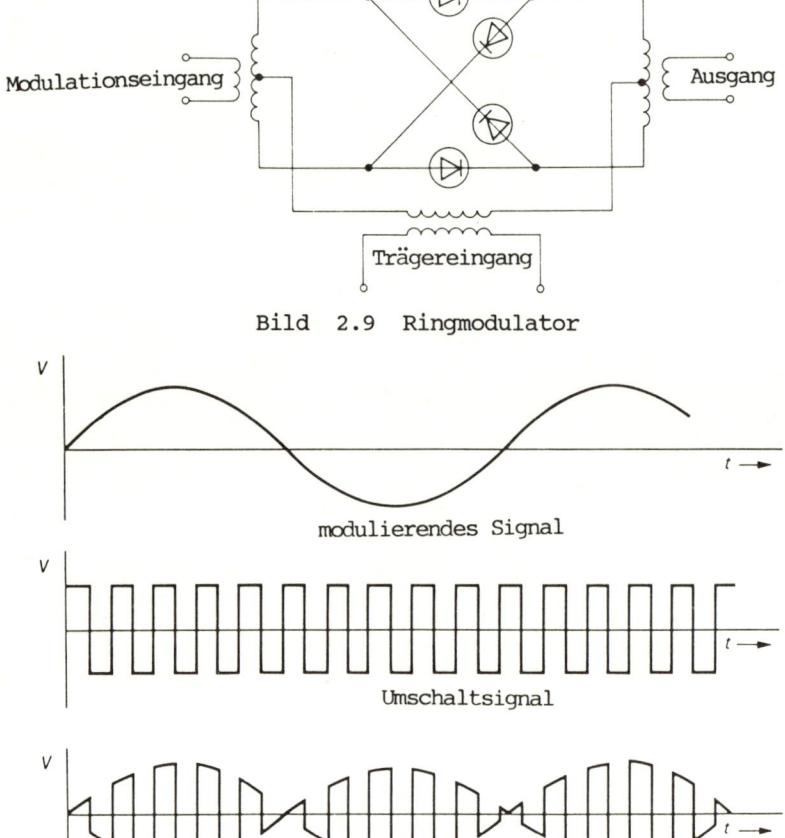

Bild 2.9 Ringmodulator

Bild 2.10 Signalformen am Ringmodulator

Das Rechtecksignal v_S mit dem Spitzenwert 1 V läßt sich schreiben *

---

* Siehe F. R. Connor: Signale, Vieweg 1986

$$v_s = \frac{4}{\pi}(\sin \omega_c t + \frac{1}{3}\sin 3\omega_c t + \dots)$$

Ist das NF-Signal $v_m = V_m \sin \omega_m t$, so gilt für das Ausgangssignal

$$v_o = kv_s \cdot v_m = kV_m \sin \omega_m t \cdot \frac{4}{\pi}(\sin \omega_c t + \frac{1}{3}\sin 3\omega_c t + \dots)$$

$$= 2\frac{kV_m}{\pi}(\cos(\omega_c - \omega_m)t - \cos(\omega_c + \omega_m)t + \dots)$$

wobei die Konstante k die Dimension 1/Volt hat.

(b) SSBSC-System   [7,8]

Da die Information in jedem der beiden Seitenbänder enthalten ist,
kann man gegenüber DSBSC weitere Leistung und Bandbreite einsparen,
indem man eines der beiden Seitenbänder unterdrückt (SSBSC single-
sideband suppressed carrier). An Leistung wird die des einen Seitenbandes, also ca. 2 % der Trägerleistung bei m = 0,3 eingespart, bei
der Bandbreite sind es 50 %, da das einzelne Seitenband gerade die
Hälfte des AM-Spektrums überdeckt.

Eine Methode, ein Einseitenband-Signal zu erzeugen, besteht darin,
mittels Balancemodulator zunächst ein DSBSC-Signal herzustellen und
dann das unerwünschte Seitenband durch ein Bandfilter zu unterdrücken.
Das Ausgangssignal besteht dann nur aus einem Seitenband, wie in Bild
2.11 gezeigt.

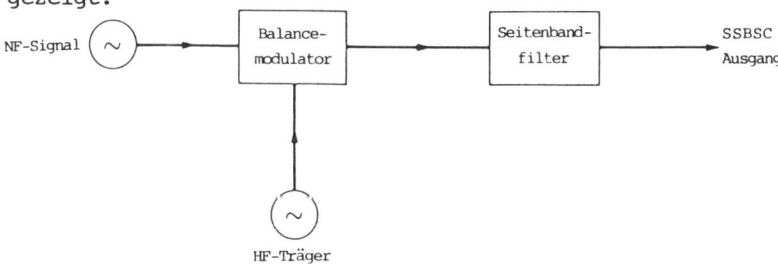

Bild 2.11 Einseitenbandmodulator, Filtermethode

In der Praxis kann es Schwierigkeiten beim Entwurf des Filters mit
sehr steilen Flanken an beiden Seiten geben. Würde man das   Filter
schmalbandiger machen, um einen steileren Übergang vom Durchlaß- in
den Sperrbereich zu erzielen, würde ein Teil des gewünschten Seitenbandes mit weggefiltert; wird dagegen die Bandbreite vergrößert, so
können Teile des unerwünschten Seitenbandes durchschlagen. Letzteres

wird übrigens absichtlich gemacht, um ein Gleichstromsignal mitzuübertragen. Man nennt dies Restseitenbandübertragung (VSB, vestigial
sideband) und benutzt dieses Verfahren beim Fernsehrundfunk.

Das SSBSC-Signal kann man sich zusammengesetzt denken aus zwei DSBSC-
Signalen, bei denen Träger und Modulation beide um 90° phasenverschoben sind. Das führt auf die zweite Methode, um ein Einseitenbandsignal
zu erzeugen, die Phasenmethode. Die Blockschaltung zeigt Bild 2.12
mit den beiden Balancemodulatoren, von denen einer mit je um 90° ge-
drehtem Träger- und Modulationssignal gespeist wird, und dem Summierer.

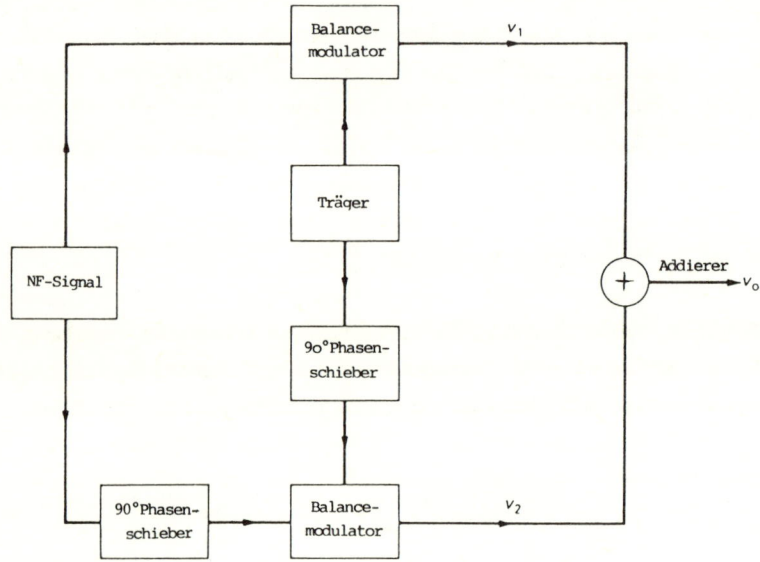

Bild 2.12 Einseitenbandmodulator, Phasenmethode

Für die Ausgangsspannungen der Modulatoren v_1 und v_2 gilt

$$v_1 = \frac{mV_c}{2}(\cos(\omega_c - \omega_m)t - \cos(\omega_c + \omega_m)t)$$

$$v_2 = \frac{mV_c}{2}(\cos\{(\omega_c t + \pi/2) - (\omega_m t + \pi/2)\}$$

$$-\cos\{(\omega_c t + \pi/2) + (\omega_m t + \pi/2)\})$$

$$= \frac{mV_c}{2}(\cos(\omega_c - \omega_m)t + \cos(\omega_c + \omega_m)t)$$

also $$v_o = v_1 + v_2 = mV_c(\cos(\omega_c - \omega_m)t)$$

Das Ausgangssignal enthält also nur das untere Seitenband.

Bild 2.13 zeigt die Blockschaltung eines SSB-Senders.

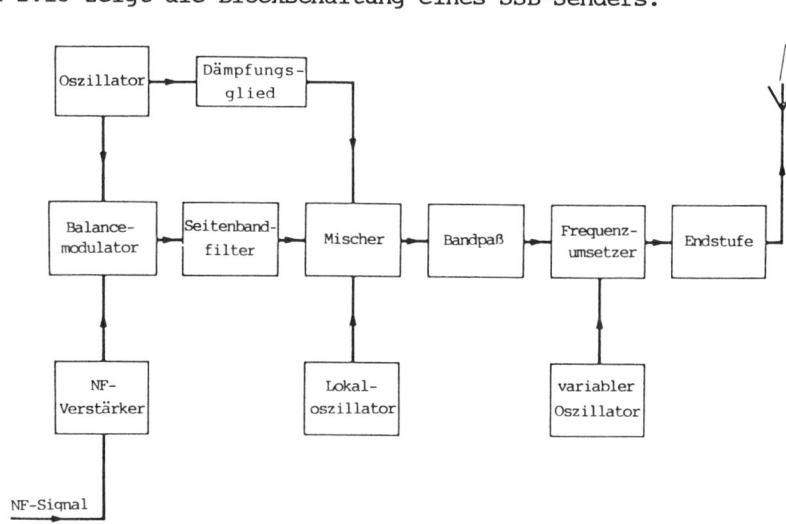

Bild 2.13 Blockschaltbild eines SSB-Senders

Beispiel 2.2

Nennen Sie die Gründe, die zur Verwendung von Zweiseitenband Amplitudenmodulation für Rundfunkübertragung und Einseitenbandmodulation
mit abgeschwächtem Träger für Richtfunkübertragung führen.

Ein AM-Sender hat eine Ausgangsleistung von 24 kW, wenn er mit
100 % Modulationstiefe moduliert ist. Bestimmen Sie die Ausgangsleistung,
(a) wenn der Träger unmoduliert ist und
(b) wenn nach einer Modulation mit 60 % Modulationstiefe ein Sei-
     tenband unterdrückt und der Träger um 26 dB abgesenkt wird.

Lösung

Die Hauptgründe zur Verwendung von Zweiseitenband AM für den Rundfunk sind:
1.   Sender- und Empfängerschaltung sind einfach. Die Systemkosten
     sind niedrig, speziell, wenn sehr viele Empfänger versorgt wer-
     den.
2.   Ein Hüllkurvendemodulator kann empfängerseitig verwendet werden.
     Er ist einfach zu konstruieren und benötigt keinerlei Justierung.

Die Hauptgründe zur Verwendung von SSB (mit abgesenktem Träger) zum Einsatz bei Richtfunkübertragung sind:

1. Nur eine begrenzte Anzahl Empfänger sind beteiligt; so kann aufwendige und hochentwickelte SSB-Empfangstechnik eingesetzt werden.

2. Sendeleistung wird im beachtlichen Umfang gespart. Dieser ökonomische Aspekt wird auch von Funkamateuren ausgenutzt.

3. Bandbreite wird ebenfalls eingespart, da nur ein Seitenband übertragen wird. Dies vereinfacht den Funkbetrieb in den überfüllten Frequenzbändern, beispielsweise auch den Amateurbändern.

P_C sei die Trägerleistung des AM-Signals und m der Modulationsfaktor, dann gilt für die Leistungsverhältnisse bei AM

$$\frac{\text{Gesamtleistung}}{\text{Trägerleistung}} = \frac{(1 + m^2/2)P_C}{P_C} = (1 + m^2/2)$$

(a) Bei 100 % Modulation ist m = 1, also wird

$$(1 + \frac{1}{2})P_C = 24 \cdot 10^3$$

$$P_C = \frac{24 \cdot 10^3}{1,5} = 16 \text{ kW}$$

Bei fehlender Modulation ist die Ausgangsleistung also 16 kW.

(b) Bei 60 % Modulation ist m = 0,6.

$$\text{Leistung eines Seitenbandes} = \frac{m^2 P_C}{4} = \frac{0,36}{4} \cdot 16 \cdot 10^3 = 1440 \text{ W}$$

Ist P_{rc} die Leistung des abgesenkten Trägers und

$$10 \log_{10} P_c/P_{rc} = 26$$

oder $P_c/P_{rc} = 398$

dann ist $P_{rc} = \frac{16 \cdot 10^3}{398} = 40 \text{ W}$

Also   Gesamtleistung = 144 W + 40 W = 1480 W

Beispiel 2.3

Erläutern Sie das Einseitenband-Übertragungssystem mit unterdrücktem Träger und nennen Sie die Vorteile. Warum ist das Zweiseitenband-Übertragungssystem mit unterdrücktem Träger nicht so praktikabel?

Die letzte Stufe eines Senders kann maximal 10 kW (mittlere) Leistung an eine Antenne abgeben. Der Sender ist mit einer Modulationstiefe von 40% mit einem Sinussignal moduliert. Vergleichen Sie die mögliche Seitenbandleistung für den Fall, daß beide Seitenbänder mit Träger gesendet werden, mit dem Fall, daß nur ein Seitenband mit unterdrücktem Träger abgestrahlt wird.

Lösung

Abschnitt 2.5 (b) beantwortet den ersten Teil der Frage. Die Vorteile sind:

1. Beträchtliche Einsparung an Trägerleistung und Leistung eines Seitenbandes.
2. Geringstmögliche Bandbreite; die Überbelegung der Frequenzbänder wird gemildert.
3. Verzerrungen wegen Trägerschwund entfallen.

Das DSBSC-System ist nicht so praktikabel, da auf der Empfangsseite der fehlende Träger wieder zugesetzt werden muß. Um das Empfangssignal korrekt demodulieren zu können, muß der Träger in der richtigen Frequenz und Phasenlage vorliegen. Der für die Trägerrückgewinnung zu treibende Aufwand ist beachtlich und treibt die Empfängerkosten in die Höhe. Ist die Trägerphase nicht korrekt, so kann es zu einem Verlust der Modulation kommen, wenn der Phasenfehler 90° erreicht.

Die Trägerleistung sei P_C und der Modulationsgrad m. Die Gesamtleistung des AM-modulierten Trägers ist gegeben durch

$$(1 + m^2/2)P_C = 10000$$

$$(1 + \frac{0,4^2}{2})P_C = 10000$$

$$P_C = \frac{10000}{1,08} = 9250 \text{ W}$$

Für das AM-System gilt

$$\text{Leistung der Seitenbänder} = (m^2/2)P_C = \frac{0,4^2}{2} \cdot 9250 = 740 \text{ W}$$

Bei dem SSBSC-System gilt entsprechend Kapitel 2.5(b) für die maximale Amplitude mV_C und damit für die mittlere Leistung

$$m^2 P_c = 0,4^2 \cdot 10^4 = 1600 \ W$$

also $\qquad \dfrac{\text{SSBSC Leistung}}{\text{AM Seitenbandleistung}} = \dfrac{1600}{740} = 2,16$

Also ist die SSBSC-Leistung ca. 3 dB größer als die AM-Seitenband-
leistung.

Beispiel 2.4

Erläutern Sie, warum Einseitenbandmodulation üblicherweise als Verfahren zur Frequenzmultiplexübertragung von Telefonkanälen über Lei-
tungen oder Richtfunk Verwendung findet. Erklären Sie zwei Methoden
zur Erzeugung von Einseitenbandsignalen.

Ein Zweiseitenband-AM-Sender hat eine Ausgangsleistung von 5 kW, wenn
er mit einem Sinuston mit einer Modulationstiefe von 95% moduliert
ist. Nach Modulation durch ein Sprachsignal, welches eine mittlere
Modulationstiefe von 20% erzeugt, werden der Träger und ein Seitenband
unterdrückt. Wie groß ist nun die mittlere Ausgangsleistung im ver-
bliebenen Seitenband?

Lösung

Die Einseitenbandübertragung (Trägerfrequenztechnik), die zur Übertragung von Telefonkanälen eingesetzt wird, geht besonders ökonomisch
mit Leistung und Bandbreite um. Man spart die Trägerleistung und die
eines Seitenbandes ein. Nachbarkanäle können für verschiedene Nachrichten verwendet werden. Richtfunkverbindungen arbeiten üblicherweise
mit geringem Pegel, wie z. B. Mikrowellenrichtfunk, militärische Kommunikation, Amateurfunk usw.. Die gesamte abgestrahlte Leistung ist
auf das eine Seitenband konzentriert, um das am Empfänger erforderliche Signal-Rauschverhältnis zu erzielen. Speziell auch im Amateurfunk ist die Einsparung der Sendeleistung besonders hilfreich.

Die beiden Methoden, um ein Einseitenbandsignal zu erzeugen, werden
im folgenden dargestellt.

Erste Methode (Filtermethode)

Hierbei wird das Einseitenbandsignal mit unterdrücktem Träger durch
die Verwendung eines Balancemodulators mit nachgeschaltetem passenden
Filter zur Aussiebung des unerwünschten Seitenbandes gewonnen. Die
Blockschaltung zeigt Bild 2.14. Mittels weiterer Modulation und Filterung läßt sich das Seitenband in den richtigen Teil des Spektrums
verschieben, so daß es zusammen mit den Seitenbändern anderer Kanäle
ein Frequenzmultiplexsystem bildet.

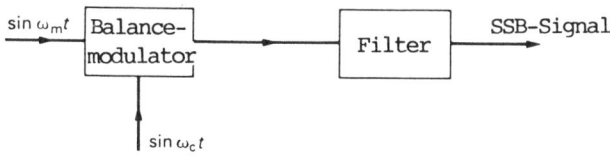

Bild 2.14 Einseitenbandmodulator (Filtermethode)

Zweite Methode (Phasenmethode)

Die Methode verwendet unterschiedliche Phasenlagen. Der Träger und
das modulierende Signal werden beide um 90° phasenverschoben dem ersten und unverschoben dem zweiten Balancemodulator zugeführt.
Kombiniert man die beiden Ausgangssignale, so erhält man das SSB-Signal, siehe Bild 2.15.

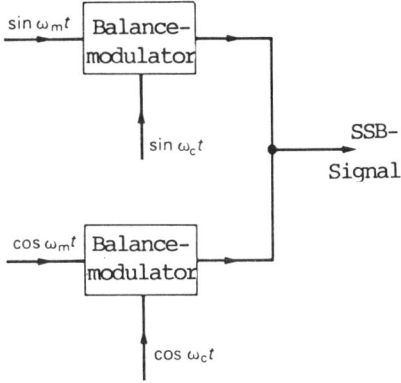

Bild 2.15 Einseitenbandmodulator(Phasenmethode)

Sei nun P_C die Trägerleistung und P_O die Ausgangsleistung eines AM-
Senders, so gilt $P_O = P_C(1 + m^2/2)$. Mit den gegebenen Daten wird

$$P_C = \frac{5000}{1 + 0,95^2/2} = \frac{5000}{1,451} = 3450 \text{ W}$$

und die   mittlere SSB-Ausgangsleistung $= \dfrac{m^2 P_c}{4} = \dfrac{0,2^2}{4} \cdot 3450$

$$= 34,5 \text{ W}$$

Anmerkung

Im Anhang A wird gezeigt, daß das SSB-Signal mit unterdrücktem Träger und seine Erzeugung mittels Phasenmethode einen engen Zusammenhang mit der Hilbert-Transformation hat.

(c) System mit Restseitenbandmodulation (VSB)   [9]

Die Videosignalbandbreite eines Fernsehsystems mit 625-Zeilen beträgt 6 MHz; bei AM-Modulation würde sich also eine Bandbreite von 12 MHz ergeben. Um Bandbreite einzusparen, benutzt man eine spezielle Form der Zweiseitenband-AM, bei der nur ein Rest eines Seitenbandes zusammen mit dem vollständigen zweiten Seitenband übertragen wird. Bei dieser Restseitenbandmodulation (vestigial- sideband, VSB) reduziert sich die Bandbreite auf ca 8 MHz.

Das gesendete Spektrum zeigt Bild 2.16. Dadurch, daß die Sendefilterkurve den Rest des unteren Seitenbandes mit durchläßt, ist die Übertragung eines Gleichstromsignals möglich; die Gleichstromkomponente repräsentiert die mittlere Bildhelligkeit und ist damit eine wichtige Bildinformation. Durch die Art der Übertragung werden die niederfrequenten Signalanteile überbetont, und so muß folglich der Empfänger eine spezielle Durchlaßkurve erhalten, die die niederfrequenten Signalanteile so reduziert, daß das Originalsignal, das vor der Modulation vorhanden war, auf der Empfangsseite auch wieder vorliegt. Bild 2.16 zeigt die Verhältnisse.

Beispiel 2.5

In welchem Kommunikationssystem würde man (a) die Einseitenbandübertragung oder (b) die Restseitenbandübertragung der Zweiseitenbandübertragung vorziehen?

Suchen Sie unter der Annahme, daß das zu übertragende Signal ein einfacher Sinuston ist, einen Näherungsausdruck für die Verzerrungen in
Abhängigkeit von der Modulationstiefe und dem Verhältnis der Amplituden der beiden Seitenbänder, die in dem demodulierten Ausgangssignal
eines Restseitenbandübertragungssystems vorhanden sind. Welche praktische Bedeutung hat diese Rechnung?

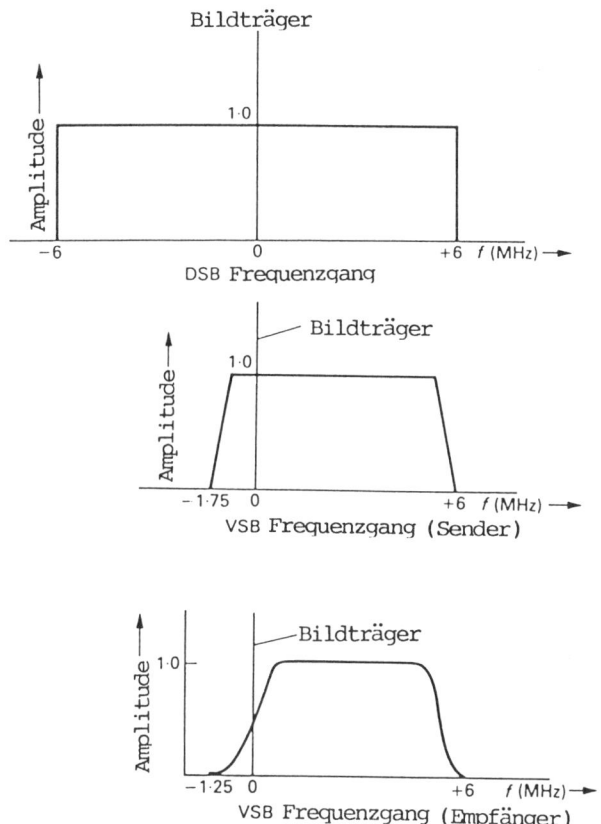

Bild   2.16   Spektren bei der Restseitenbandübertragung

Lösung

Einseitenbandübertragung verwendet man in Systemen, bei denen minimale Bandbreite gefordert wird, wie z. B. bei der Trägerfrequenztechnik zur Übertragung vieler Telefonkanäle, bei der Punkt-zu-Punkt-Ver-
bindung mit Richtfunk oder auch im Amateurfunk, wo die Frequenzbänder
überbelegt sind und begrenzte Sendeleistung zur Verfügung steht.

Restseitenbandübertragung wird in Systemen vorgezogen, bei denen eine
weite Bandbreite erforderlich ist, wie beispielsweise bei Fernsehen.
Diese Übertragungsart behält die Vorteile der Zweiseitenbandübertragung bei, ist aber bezüglich der erforderlichen Bandbreite ökonomi-
scher.

Demodulation bei Restseitenbandsignalen.
Die Lösung zu diesem Aufgabenteil findet sich in Kapitel 6.1.

(d) System mit unabhängigen Seitenbändern (ISB)   [10]

Es gibt Applikationen, bei denen beide Seitenbänder eines DSB-Systems
genutzt werden, jedes Seitenband jedoch eine unterschiedliche Nachricht trägt. Das Signal kann mit oder ohne Träger übertragen werden
(independent sideband ISB). Der Modulationsprozeß besteht darin, zwei
separate SSB-Signale zu erzeugen, wobei die eine Nachricht das eine
Seitenband belegt und die andere das andere Seitenband. Die Seitenbänder belegen je 6 kHz Bandbreite auf beiden Seiten des Trägers.
Beide Seitenbänder und gegebenenfalls auch der Träger werden über
einen Summierer zusammengefaßt. Die Blockschaltung zeigt Bild 2.17.

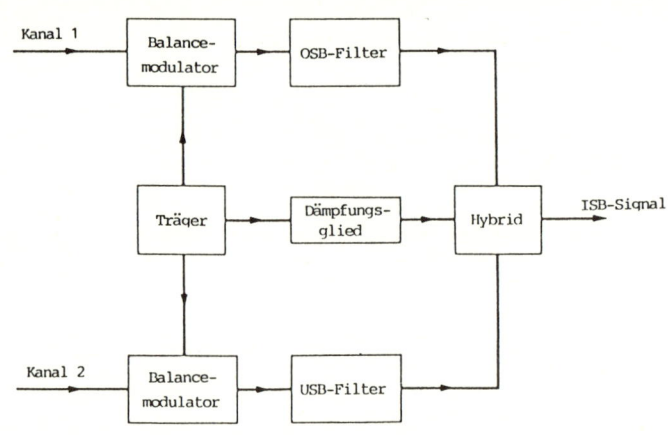

Bild 2.17 ISB-Modulator

2.6 AM-Sender   [11]

Eine typische Blockschaltung für einen AM-Sender findet man in Bild
2.18. Das NF-Signal eines Mikrofons durchläuft zunächst einen Span-

nungsverstärker und dann den Leistungsverstärker, der die Modulations-
stufe ansteuert. Das HF-Trägersignal wird von einem stabilen Quarzoszillator abgeleitet, ein Pufferverstärker hält Lastschwankungen vom
Oszillator fern. Die Schaltung erzeugt das AM-Signal auf niedrigem
Pegel, deshalb muß der modulierte Träger noch durch einen linearen
HF-Leistungsverstärker verstärkt werden, bevor er zur Abstrahlung
auf die Antenne gelangt. Eine passende Stromversorgung stellt die
Energie für den Sender zur Verfügung. Ein Sender im mittleren Lei-
stungsbereich arbeitet beispielsweise mit 50 KW Leistung für Rundfunkübertragung von Sprache und Musik.

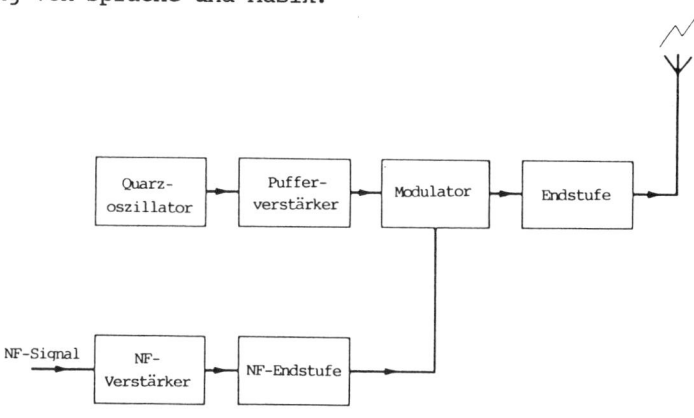

Bild 2.18 AM-Sender

Beispiel 2.6

Ein AM-Sender hat eine anodenmodulierte Klasse C Sendeendstufe. In
Serie zur 5 kV Gleichspannungsversorgung liegt die Sekundärwicklung
des Modulationsübertragers, in der eine NF-Sinusschwingung mit der
Amplitude von 3 kV induziert wird. Die Endstufe hat einen Anodenwirkungsgrad von 75 % und liefert 1,5 kW Trägerleistung in den Ausgangsschwingkreis. Berechnen Sie

(a)   die Modulationstiefe,

(b)   den mittleren Anodenstrom I_A,

(c)   die NF-Leistung,

(d)   die Gesamtausgangsleistung, die an den Ausgangsschwingkreis ab-
      gegeben wird.

Lösung

(a)   Modulationstiefe = $\dfrac{\text{NF-Spannungsamplitude}}{\text{Trägerspannungsamplitude}}$ in Prozent

$m = \dfrac{3000}{5000} = 0,6 \equiv 60\%$

(b)   Gleichstromleistung $= \dfrac{1500}{0,75} = 2000 \text{ W}$

$= I_a \cdot$ Gleichspannung

also $I_a = \dfrac{2000}{5000} = 0,4 \text{ A}$

(c)   NF-Leistung $= \dfrac{\text{Seitenbandleistung}}{\text{Wirkungsgrad}}$

Seitenbandleistung $= m^2/2 \cdot$ Trägerleistung

$= 0,36/2 \cdot 1500 = 0,27 \text{ kW}$

also   NF-Leistung $= 0,27/0,75 = 0,36 \text{ kW}$

(d)   Gesamtleistung = Trägerleistung + Seitenbandleistung

$= 1,5 \text{ kW} + 0,27 \text{ kW}$

$= 1,77 \text{ kW}$

Bei der Lösung wurden zwei Annahmen gemacht: 1. Die HF-Leistung variiert proportional zur Anodenspannung und 2. keine Verluste im Modula-
tionsübertrager.

3 Frequenzmodulation

Die Methode, die Frequenz einer Trägerschwingung proportional zu einem modulierenden Signal zu variieren, ist als Frequenzmodulation (FM) bekannt [12]. Die Trägeramplitude des FM-Signals wird durch die Modulation konstant gehalten; so ist die Leistung, die mit dem FM-Signal verknüpft ist, konstant. Die Trägerfrequenz steigt an, wenn die modulierende Spannung positiv wird, und sie fällt ab, wenn die modulierende Spannung negativ wird. Bild 3.1 zeigt die Verhältnisse.

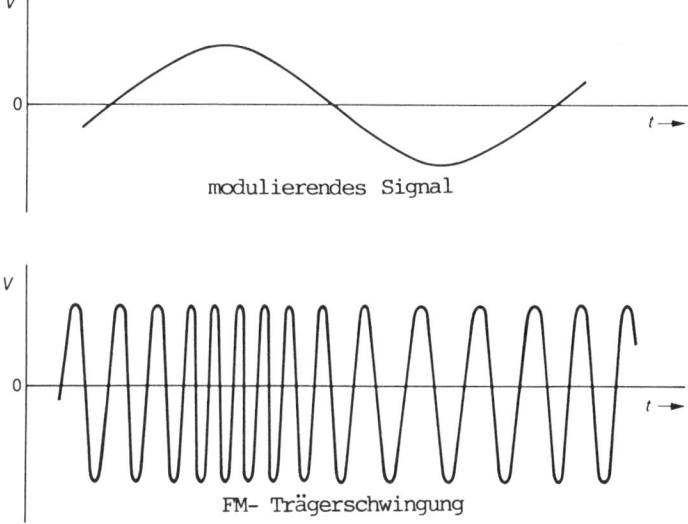

Bild 3.1 FM-Modulation

Um einen Ausdruck für ein FM-Signal abzuleiten, wird zunächst für die Trägerschwingung angesetzt

$$v_c = V_c \sin \omega_i t = V_c \sin 2\pi f_i t$$

Hierin ist f_i die Augenblicksfrequenz. Bei sinusförmiger Modulation kann man für die Augenblicksfrequenz schreiben

$$f_i = f_c + \Delta f_c \sin \omega_m t$$

wobei f_c die Trägerfrequenz und Δf_c die maximale Frequenzabweichung oder der Frequenzhub der FM-Schwingung auf Grund des modulierenden Signals mit der Frequenz f_m ist.

Ist die Augenblicksphase ϕ_i, so gilt

$$\frac{1}{2\pi} \frac{d\phi_i}{dt} = f_i = f_c + \Delta f_c \sin \omega_m t$$

$$\frac{d\phi_i}{dt} = 2\pi f_i = \omega_c + 2\pi \Delta f_c \sin \omega_m t$$

Durch Integration und entsprechender Wahl des Anfangswertes erhält man

$$\phi_i = \omega_c t - \frac{\Delta f_c}{f_m} \cos \omega_m t$$

$$= \omega_c t - m_f \cos \omega_m t$$

worin $m_f = \Delta f_c / f_m$ als Modulationsindex bezeichnet wird.

Wegen $v_c = V_c \sin \phi_i$ gilt also für eine FM-Trägerschwingung

$$v_c = V_c \sin(\omega_c t - m_f \cos \omega_m t)$$

3.1 FM-Spektrum

Entwickelt man den Ausdruck für v_c, erhält man

$$v_c = V_c \big(\sin \omega_c t \cos(m_f \cos \omega_m t) - \cos \omega_c t \sin(m_f \cos \omega_m t) \big)$$

Die folgenden Reihenentwicklungen lassen sich benutzen

$$\cos(m_f \cos \omega_m t) = J_0(m_f) - 2J_2(m_f) \cos 2\omega_m t + 2J_4(m_f) \cos 4\omega_m t - \dots$$

$$\sin(m_f \cos \omega_m t) = 2J_1(m_f) \cos \omega_m t - 2J_3(m_f) \cos 3\omega_m t + \dots$$

Darin sind die Koeffizienten $J_n(m_f)$ Besselfunktionen erster Art der Ordnung n. Besselfunktionen sind tabelliert; einige Kurven sind in Bild 3.2 dargestellt.

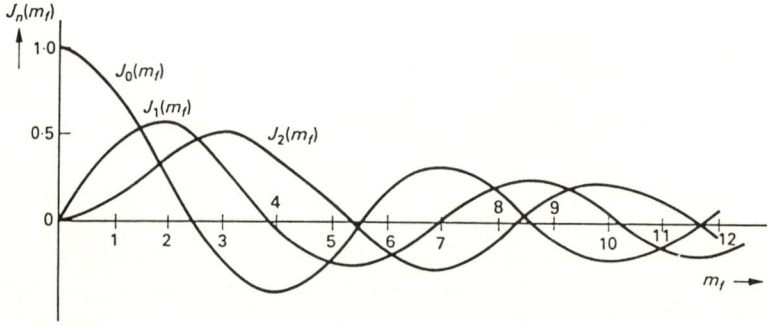

Bild 3.2   Besselfunktionen der Ordnung 0, 1 und 2

Setzt man obige Reihenentwicklungen in den Ausdruck für v_c ein, erhält man das Ergebnis (siehe auch Anhang B)

$$v_c = V_c \left(J_0(m_f)\sin \omega_c t - J_1(m_f)\{\cos(\omega_c + \omega_m)t + \cos(\omega_c - \omega_m)t\} \right.$$
$$\left. - J_2(m_f)\{\sin(\omega_c + 2\omega_m)t + \sin(\omega_c - 2\omega_m)t\} + \ldots \right)$$

welches eine unendliche Anzahl von Seitenfrequenzen zeigt, deren Amplituden durch die Besselfunktionen $J_0(m_f)$, $J_1(m_f)$ usw. bestimmt sind. Als Beispiel sind die Spektren für $m_f = 0,2$ und $m_f = 5,0$ im Bild 3.3 dargestellt.

Das Bild zeigt, daß bei kleinem m_f nur wenige Seitenfrequenzen mit größerer Amplitude vorhanden sind, bei großem m_f hingegen viele Seitenlinien allerdings mit geringerer Amplitude. In der Praxis werden endlich viele signifikante Seitenlinien berücksichtigt, deren Amplituden noch größer als ca 4% des unmodulierten Trägers sind. In FM-Systemen ist der Frequenzhub größtenteils durch die verfügbare Bandbreite festgelegt. Die meisten FM-Rundfunksysteme benutzen einen Frequenzhub von ± 75 kHz, bei der höchsten modulierenden Frequenz von $f_h = 15$ kHz entspricht das einem Hubverhältnis (das ist der Wert des Modulationsindexes bei der höchsten NF-Frequenz) von

$$\delta = \Delta f_c / f_h = \frac{75 \cdot 10^3}{15 \cdot 10^3} = 5$$

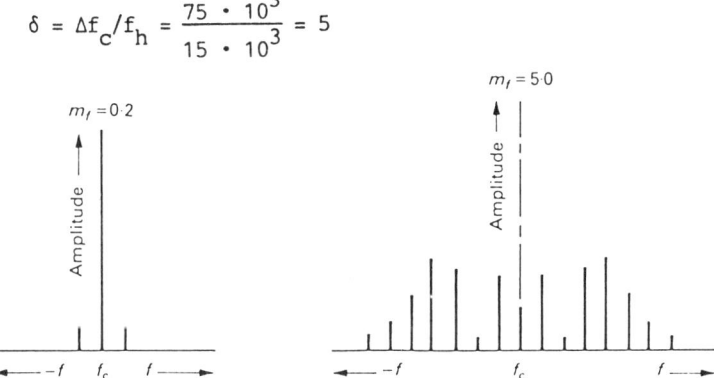

Bild   3.3   Typische FM-Spektren

3.2   Zeigerdarstellung

Eine Trägerschwingung mit der konstanten Frequenz f_c kann als rotierender Zeiger OA mit der konstanten Winkelgeschwindigkeit ω_c dargestellt werden, siehe Bild 3.4. Wird die Frequenz leicht erhöht oder erniedrigt, so rotiert der Zeiger etwas schneller oder etwas langsa-

mer. Also wird der Zeiger OA relativ zu ω_c beschleunigt bis zur Position OB oder verzögert bis zur Position OC. Dies läuft auf eine Vari-
ation des Winkels θ hinaus; FM ist also eine Form der Winkelmodulation
und der Zeiger OA beschreibt mit seiner Spitze den Kreisbogen BAC.

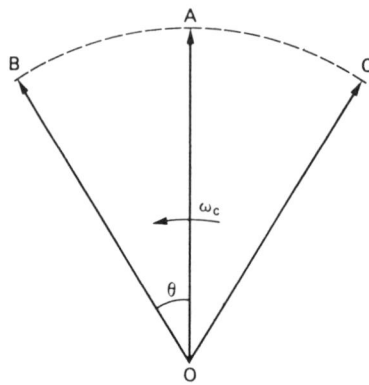

Bild 3.4 FM-Modulation, Zeigerdarstellung

Beispiel 3.1

Ohne Modulation habe ein verzerrungsfreier FM-Modulator ein Ausgangs-
signal mit einer Frequenz von 12 MHz und einer Amplitude von 5,0 V.
Ein Eingangssignal verursacht eine Frequenzabweichung von 25 kHz pro
Volt. Leiten Sie einen Ausdruck für den modulierten FM-Träger her,
wenn das Signal v = 1,5 sin 6280 t am Eingang des Modulators ansteht.
Geben Sie an

(a)   den Phasenhub des modulierten Trägers,
(b)   wie oft die maximale Phasenabweichung pro Sekunde auftritt,
(c)   den Frequenz- und Phasenhub, wenn die modulierende Frequenz
      halbiert wird,
(d)   den Frequenzhub, wenn die Amplitude des modulierenden Signals
      verdoppelt wird.

Lösung

Für das FM-Signal ist weiter oben abgeleitet worden

$$v_c = V_c \sin(\omega_c t - m_f \cos \omega_m t)$$

wobei $m_f = \Delta f c/f_m$ der Modulationsindex ist. Hier gilt $V_c = 5,0$ Volt

$$\omega_c = 2\pi f_c = 2\pi \cdot 12 \cdot 10^6 \text{ rad/s}$$

$$\omega_m = 6280 \text{ rad/s}$$

also $v_c = 5 \sin(24\pi\ 10^6 t - m_f \cos 6280t)$

(a) Da m_f gleichzeitig die maximale Phasenabweichung $d\phi$, also den Phasenhub darstellt, gilt

$$d\phi = \Delta f_c/f_m$$

Hier ist $\Delta f_c = 25 \cdot 10^3 \cdot 1,5 \text{ Hz} = 37,5 \cdot 10^3 \text{ Hz}$

$$f_m = 6280/2\pi = 10^3 \text{ Hz}$$

also $d\phi = \dfrac{25 \cdot 10^3 \cdot 1,5}{10^3} = 37,5 \text{ rad}$

(b) Die maximale Phasenabweichung tritt immer zweimal pro Modulationsperiode auf. Folglich ist die Auftrittsrate $2 \cdot 10^3$ mal pro Sekunde.

(c) Die maximale Frequenzabweichung, also der Frequenzhub bleibt unverändert bei 37,5 kHz. Der Phasenhub verdoppelt sich auf 75 rad.

(d) Der Frequenzhub verdoppelt sich jetzt auf 75 kHz.

3.3 Schmalband-FM

Aus den Besselfunktionskurven, die in Bild 3.2 dargestellt sind, ist zu entnehmen, daß für kleine Werte von m_f ($m_f < 1$) nur ganz wenige signifikante Seitenfrequenzen auftreten, beispielsweise für $m_f = 0,1$ nur ein Paar und für $m_f = 0,5$ zwei Paar Seitenfrequenzen. In diesen Fällen spricht man von Schmalband-FM.

Im Falle $m_f = 0,1$ addieren sich Träger und die beiden Seitenbandzeiger zum resultierenden Zeiger OD in Bild 3.5 (a). Das Resultat ist ähnlich wie bei AM, außer daß der Zeiger des unteren Seitenbandes durch sein negatives Vorzeichen umgekehrt wird. Der Zeiger OA ist also eigentlich phasenmoduliert durch den kleinen Winkel θ und zusätzlich geringfügig amplitudenmoduliert mit der zweifachen NF-Frequenz $2f_m$. Dieses Signal könnte also durch einen AM-Empfänger detektiert werden.

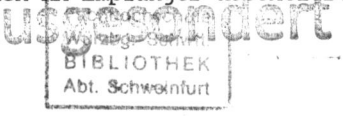

Um die Restamplitudenmodulation auszulöschen, muß man ein zweites
Seitenbandpaar hinzufügen, dessen einzelne Zeiger mit der Frequenz
$2f_m$ relativ zum Trägerzeiger rotieren und dessen Summenzeiger sich
also in Phase mit dem Träger befindet. Dargestellt ist dies in Bild
3.5 (b), in dem der Summenzeiger OD einen konstanten Betrag hat und
durch den Winkel ϕ phasenmoduliert ist. Diese Phasenmodulation ist
durch die vorliegende Frequenzmodulation begründet.

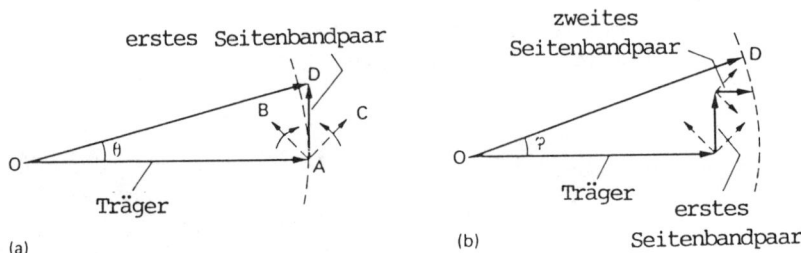

Bild 3.5 Zeigerdarstellung für Schmalband-FM

3.4 Breitband-FM

Für Werte von $m_f \gg 1$ bedecken die Seitenlinien ein sehr breites Frequenzband, allerdings sind ihre Amplituden kleiner. Die Anzahl der
signifikanten Seitenfrequenzen hängt daher nicht so stark von m_f ab,
wenn die Anzahl 10 überschritten ist. In diesem Falle kann man als
praktische Bandbreite näherungsweise $2(\Delta f_c + f_h)$ annehmen, wobei Δf_c
der Frequenzhub und f_h die höchste vorkommende Modulationsfrequenz
des Systems ist. Für den Fall $m_f = 5$, $\Delta f_c = 75$ kHz und $f_h = 15$ kHz
wird die Bandbreite $2(75 + 15)$ kHz $= 180$ kHz wie bei FM-Rundfunk.

Dies ist beträchtlich mehr als die Bandbreite, die bei AM-Rundfunk
benötigt wird; verantwortlich dafür ist die der FM-Modulation inne-
wohnende Breitbandigkeit. Jedoch führt die Verwendung einer großen
Bandbreite zu einer beachtlichen Verbesserung des Signal-Rauschverhältnisses (siehe auch Abschnitt 3.7). Dies ist einer der Hauptvorteile, die FM gegenüber AM aufweist. Allerdings besitzt Schmalband-
FM diese Eigenschaft nicht wegen des geringen Frequenzhubes Δf_c. Es
läßt sich zeigen, je größer der Hub Δf_c, desto stärker ist auch die
Verbesserung bezüglich des Signal-Rauschverhältnisses.

Beispiel 3.2

Entwickeln Sie einen Ausdruck für das Spektrum einer Trägerschwingung, die sinusförmig frequenzmoduliert ist. Zeigen Sie, daß man für kleine Modulationsindices alle Seitenfrequenzen bis auf die Trägerlinie selbst und das erste Seitenfrequenzenpaar vernachlässigen kann und skizzieren Sie das resultierende Zeigerdiagramm. Zeigen Sie weiterhin, daß bei etwas größerem Modulationsindex ein zweites Paar Seitenfrequenzen ein genaueres Zeigerdiagramm ergeben kann.

Lösung

Die Antwort auf den ersten Teil der Fragestellung ist zu Anfang dieses Kapitels in Abschnitt 3.1 gegeben. Die weitere Lösung findet man in den Abschnitten 3.3 und 3.4 und die Zeigerdiagramme in Bild 3.5.

3.5 FM-Erzeugung

Eine direkte Methode, um ein FM-Signal zu erzeugen, ist, die Frequenz eines Trägers mittels des modulierenden Signals zu variieren. Dies läßt sich im Oszillator selbst erreichen, indem man die Kapazität des Schwingkreises variiert. Eine andere, indirekte Methode, die die Phasenmodulation benutzt, wird im nächsten Kapitel besprochen.

Varaktormodulator

Eine typische Schaltung benutzt die veränderliche Kapazität eines Halbleiters mit PN-Übergang, bekannt als Kapazitäts- oder Varaktordiode. Legt man eine negative Gleichspannung an den PN-Übergang, siehe Bild 3.6, so werden die beweglichen Ladungsträger aus dem Grenzgebiet herausgesaugt; es bildet sich eine stark ladungsträgerverarmte Übergangszone zwischen der gut leitenden P- und N-Zone. Dies ruft eine kapazitive Wirkung zwischen den getrennten Ladungen hervor. Diese Kapazität kann durch die außen angelegte Spannung variiert werden. Der funktionale Zusammenhang wird näherungsweise beschrieben durch den Ausdruck

$$C_j \sim 1/\sqrt{V}$$

wobei V die angelegte Sperrspannung ist.

Üblicherweise stellt man die Siliziumdioden so her, daß sie bei 1 V Sperrspannung Kapazitätswerte zwischen 150 und 200 pF und bei 10 V ca. 50 pF haben. Die mittlere Kapazitätsvariation beträgt etwa 10 bis 15 pF pro Volt Sperrspannung.

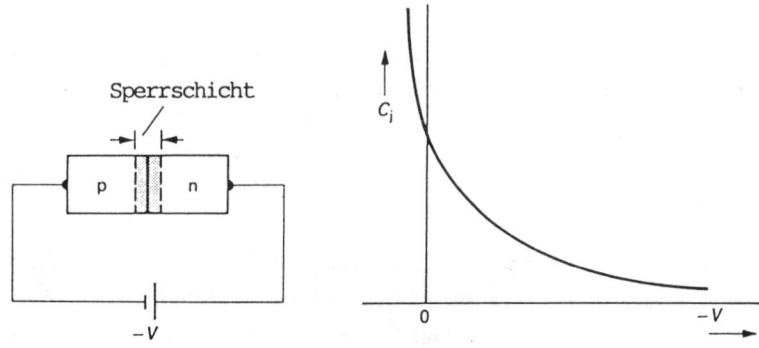

Bild 3.6 Kapazitätsdiode

Die Z-Diode im Varaktormodulator des Bildes 3.7 stabilisiert die Gleichspannungsversorgung, so daß sich die mittlere Oszillatorfrequenz bei Versorgungsspannungsschwankungen nicht ändert. Die Kapazität C_j der Varaktordiode ändert sich durch die modulierende Spannung v_m und der Oszillator benutzt Kollektor-Emitter-Rückkopplung. Der Koppelkondensator C besorgt die Gleichstromentkopplung des Oszillatorkreises.

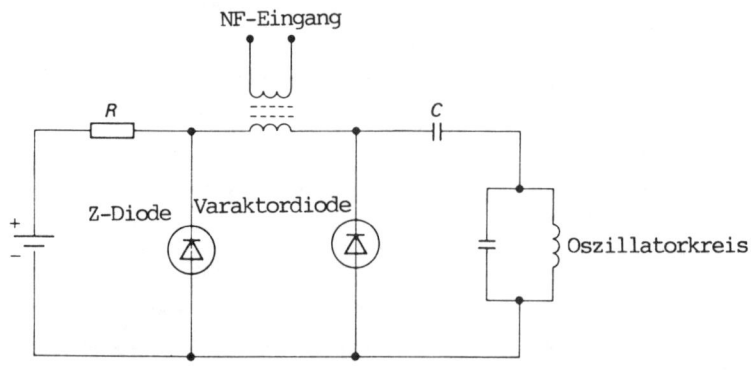

Bild 3.7 FM-Modulator mit Varaktor

3.6 FM-Sender

Das Bild 3.8 zeigt das Blockschaltbild eines FM-Senders mit Varaktormodulator. Das Audiosignal wird in den NF-Stufen verstärkt, und es steuert den Varaktormodulator an. Letzterer verändert die Frequenz eines LC-Oszillators, dessen Mittenfrequenz durch einen Quarz über eine Frequenzregelschleife stabilisiert wird. Das ursprüngliche FM-Signal wird in mehreren Stufen durch Frequenzmultiplizierer vervielfacht, um es in das gewünschte VHF-Band umzusetzen. Der Ausgang steuert einen Klasse-C-Leistungsverstärker, den ein hoher Wirkungsgrad auszeichnet und der das FM-Signal von einigen Kilowatt an die Antenne abgibt.

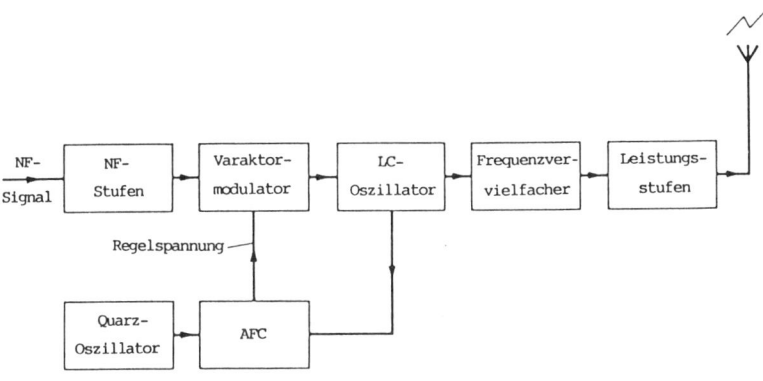

Bild 3.8 FM-Sender

Beispiel 3.3

Zeichnen Sie ein Diagramm, um die spezielle Eigenschaft einer Varaktordiode zu erläutern. Beschreiben Sie an Hand eines einfachen Schaltbildes die Funktion eines Varaktormodulators.

Ein 100 MHz-Oszillator hat eine Schwingkreiskapazität von 75 pF. Welchen Kapazitätsvariationsbereich muß eine Kapazitätsdiode haben, damit der Oszillator mit einem Hub von 80 kHz in seiner Frequenz moduliert werden kann?

Lösung

Die Lösung des ersten Aufgabenteils ist im Abschnitt 3.5 gegeben.
Für die Resonanzfrequenz f eines Schwingkreises gilt

$$f = \frac{1}{2\pi\sqrt{LC}}$$

wobei L und C Schwingkreisinduktivität bzw. -kapazität sind. Wenn
sich die Abstimmkapazität um ΔC erhöht, verringert sich gleichzeitig
die Frequenz um Δf; es gilt also

$$f - \Delta f = \frac{1}{2\pi\sqrt{L(C + \Delta C)}}$$

oder $\qquad \frac{f}{f - \Delta f} = \sqrt{\frac{L(C + \Delta C)}{LC}} = (1 + \Delta C/C)^{1/2}$

und $\qquad \frac{f - \Delta f}{f} = (1 + \Delta C/C)^{-1/2}$

$$1 - \Delta f/f \simeq 1 - \frac{1}{2}\left(\frac{\Delta C}{C}\right)$$

falls $\Delta C \ll C$ gilt.
Also $\qquad \Delta f/f \simeq \frac{1}{2}\left(\frac{\Delta C}{C}\right)$

bzw. $\qquad \Delta C \simeq 2\frac{\Delta f \cdot C}{f}$

Setzt man die Zahlenwerte ein, kommt man auf

$$\Delta C = \frac{2 \cdot 8 \cdot 10^4 \cdot 75 \cdot 10^{-12}}{100 \cdot 10^6} = 0,12\text{pF}$$

Für die Frequenzvariation ± 80 kHz wird also eine Kapazitätsänderung
von ± 0,12 pF benötigt.

3.7 Interferenz und Rauschstörungen   [13]

Einer der Hauptvorteile von FM- gegenüber AM-Systemen ist das erheblich verbesserte Signal-Rauschverhältnis. Der Einfluß von Interferenz
und Rauschen auf FM-Systeme ist ziemlich ähnlich, so daß beide Effekte
auch in ganz ähnlicher Weise untersucht werden können.

Interferenz

Ein Interferenzsignal kann entweder ganz dicht bei dem Träger eines
FM-Senders liegen, man spricht dann von Gleichkanalinterferenz, oder

aber auch im Nachbarkanal, es handelt sich dann um Nachbarkanalinter-
ferenz. Der Störeffekt hängt nun davon ab, wie hoch der Beitrag der
Frequenzmodulation durch den Störer in einem FM-Empfänger ausfällt;
denn der Empfänger detektiert nur Frequenzmodulation.

Das Interferenzsignal habe die Frequenz f_i und der FM-Träger die
Trägerfrequenz f_c mit $f_i > f_c$. Bild 3.9 zeigt, wie das Interferenzsignal mit dem Trägersignal eine Schwebung bildet; der Interferenzzei-
ger rotiert relativ zum Trägerzeiger mit der Differenzfrequenz f_d.
Dabei ist angenommen, daß die Trägeramplitude größer als die des In-
terferenzsignals ist, eine Annahme, die für die Praxis völlig zu-
trifft.

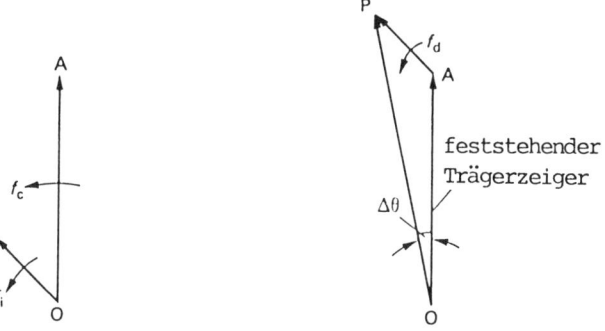

Bild 3.9 Zeigerdiagramm mit Interferenzsignal

Der Summenzeiger in Bild 3.9 schwankt sowohl in der Amplitude als
auch in der Phase. Die Amplitudenmodulation wird durch einen Begrenzer eliminiert, so daß nur die Phasenmodulation in Betracht gezogen
werden muß. Man kann zeigen, daß eine Frequenzänderung Δf auf Grund
der Phasenänderung $\Delta\theta$ durch $\Delta f = f_d \Delta\theta$ gegeben ist; f_d ist darin die
Differenzfrequenz zwischen gestörter und störender Frequenz. Da nun
die Frequenzänderung die vom FM-Empfänger produzierte Ausgangsspannung bestimmt, ergibt sich, daß bei kleinem f_d (Gleichkanalinterferenz) auch Δf klein und bei $f_d = 0$ auch $\Delta f = 0$ ist.

Die Störung verschwindet also, wenn sie auf derselben Frequenz wie
das Nutzsignal liegt. In diesem Falle rastet der FM-Empfänger auf
das stärkere der beiden Signale ein [14], was auch als Fang- oder
Übernahmeeffekt bekannt ist [15]. Wenn f_d ansteigt (Nachbarkanalin-
terferenz), wächst auch Δf; da jedoch die Empfängerdurchlaßkurve we-

gen der Selektivität der ZF-Filter abfällt, hat die Interferenz dann
weniger Einfluß auf den Empfänger. Jedes Störsignal, das mehr als 15
kHz Abstand von Nutzträger hat, braucht nicht mehr betrachtet zu werden, da der NF-Frequenzgang des Empfängers jenseits von 15 kHz stark
abfällt.

Nachbarkanalstörungen, die durch FM-Sender in räumlicher Nachbar-
schaft verursacht werden könnten, werden dadurch minimiert, daß auf
beiden Seiten des belegten Nutzkanals ein Schutzabstand vorgesehen
wird. Die Trägerfrequenzabstände von benachbarten FM-Sendern werden
dann so gewählt, daß sich ihre Schutzabstände nicht überlappen. Die
Interferenz bei FM-Rundfunk wird außerdem noch dadurch verringert,
daß das VHF-Frequenzband benutzt wird. Hier herrscht praktisch gerad-
linige Wellenausbreitung vor, so daß FM-Stationen mit einem Abstand
von mehr als ca. 80 km nicht mehr empfangen werden können.

Rauschen

Rauscheffekte sind auf statisches Rauschen und Zufallsrauschen zurück-
zuführen. Statisches Rauschen auf Grund atmosphärischer Störungen
ist im VHF-Band etwas geringer als der Beitrag bei niedrigeren Frequenzen in den Mittel- und Kurzwellenbändern, die für AM-Empfang benutzt werden. Für statische Rauschspannungen, die kleiner als die
des Nutzträgers sind, gilt weiterhin, daß die Stör-Frequenzmodulation
im FM-Empfänger einen geringen Einfluß hat, wie weiter vorn für Interferenz gezeigt wurde.

Im Falle des Zufallsrauschens (weißes Rauschen) hat die Rauschspannung
eine zufällige Phase und überlagert sich mit dem FM-Träger. Die Schwe-
bungs-oder Differenzfrequenz ist $f_d = |f_n - f_c|$, wobei f_n, eine Fre-
quenzkomponente des Rauschens, größer oder kleiner als f_c sein kann.
Also kann f_d zwischen 0 und einem beliebig großen Wert (positiv oder
negativ) schwanken. Jedoch erzeugen nur Werte bis zu ± 15 kHz (relativ zu f_c) im FM-Empfänger hörbares Rauschen. Die entstehende Rauschleistung kann nun bestimmt werden, indem man feststellt, daß sowohl
AM als auch FM entsteht, wie im Bild 3.10 gezeigt. Der AM-Anteil wird
durch den Begrenzer unterdrückt und hat keinen Einfluß im FM-Empfänger. Der verbleibende FM-Anteil verursacht eine   Rauschsspannung,

die wegen $\Delta f = f_d \Delta\theta$ proportional zu f_d ist ($\Delta\theta$ wird bei dieser Be-rechnung als konstant angesetzt).

Um nun den Effekt von Rauschen auf einen AM- bzw. FM-Empfänger ver-gleichen zu können, wird zweckmäßigerweise angenommen, daß AM-und FM-Träger beide gleiche Leistung haben und beide zu 100 % moduliert sind, d. h. m = 1 für AM und $\Delta f = \pm 75$ kHz für FM. Außerdem soll die NF-Bandbreite beider Empfänger jeweils 15 kHz betragen. Die Ausgangs-spannung des AM-Hüllkurvendetektors ist unabhängig von der Rauschfre-quenz und damit bei jeder Frequenz gleichgroß. Bei einem Bezugswert von 1 V bei 100% Modulation erhält man eine rechteckförmige Vertei-lung, wie in Bild 3.11 dargestellt. Die Ausgangsrauschspannung bei FM ist proportional zu f_d, so daß sich die in Bild 3.11 gezeigte dreiecksförmige Verteilung ergibt. Wegen der Symmetrie braucht man nur positive Werte von f_d zu betrachten.

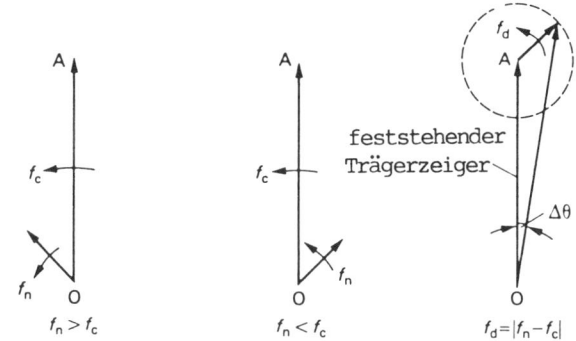

Bild   3.10   Zeigerdarstellung

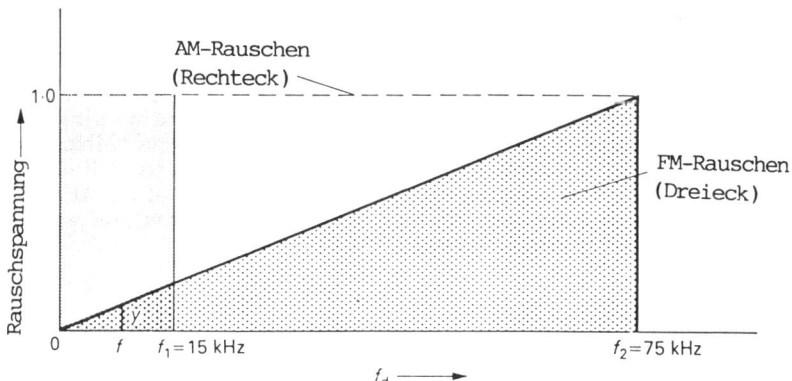

Bild   3.11   Rauschspannungsverteilung bei AM und FM

Um die relative Rauschleistung in beiden Fällen zu berechnen, betrachtet man irgendeine Rauschkomponente bei der Frequenz f_n mit $f_n > f_c$. Die hierdurch auf der NF-Seite bei $f_d = f_n - f_c$ hervorgerufene Rauschspannung ist 1 V bei AM und y V bei FM, wobei für y gilt $y = f/f_2$. Um die gesamte Rauschleistung in beiden Fällen anzugeben, muß man zunächst die Rauschleistung in der differentiellen Bandbreite df betrachten und dann über die hörbare NF-Bandbreite von $f_d = 0$ bis $f_d = 15$ kHz integrieren. Bei 1 Ohm Lastwiderstand erhält man

$$\text{Rauschleistung (AM-Empfänger)} = \int_0^{f_1} 1^2 df = f_1 \text{ Watt}$$

$$\text{Rauschleistung (FM-Empfänger)} = \int_0^{f_1} y^2 df = \int_0^{f_1} \frac{f^2 df}{f_2^2} = \frac{f_1^3}{3f_2^2} \text{ Watt}$$

$$\frac{\text{AM Rauschleistung}}{\text{FM Rauschleistung}} = \frac{f_1}{f_1^3/3f_2^2} = 3\left(\frac{f_2}{f_1}\right)^2 = 3\delta^2$$

Darin ist $\delta = f_2/f_1$ das Hubverhältnis des FM-Systems. Bei FM-Rundfunk ist $\delta = 5$ also

$$\frac{\text{AM Rauschleistung}}{\text{FM Rauschleistung}} = 3 \cdot 5^2 = 75$$

so daß sich eine Rauschverbesserung von 19 dB (75-fach) ergibt.

Eine weitere Rauschverbesserung ist möglich, wenn man Maßnahmen einführt, die unter dem Stichwort Preemphase und Deemphase bekannt sind. Da bei den höheren NF-Frequenzen das meiste FM-Rauschen empfangen wird, setzt man auf der Senderseite ein Preemphasisnetzwerk ein, das die höheren Spektralanteile des modulierenden Signals anhebt. Auf der Empfangsseite muß der Originalsignalfrequenzgang wieder hergestellt werden, indem man mittels Deemphasisnetzwerk die höheren Frequenzen wieder absenkt. Damit werden aber auch die höherfrequenten Rauschanteile mit abgesenkt.

Im Anhang C wird gezeigt, daß nochmals 4 bis 5 dB Verbesserung möglich sind. FM hat damit gegenüber AM insgesamt eine Rauschverbesserung von 23 dB zu verzeichnen. Dies bedeutet auch eine Verbesserung des Signal-Rauschverhältnisses bei FM gegenüber AM um etwa 23 dB, die mit der höheren Bandbreite von FM-Systemen im Vergleich zu AM-Systemen bezahlt wird.

Beispiel 3.4

Stellen Sie AM- und FM-Systeme gegenüber und diskutieren Sie die Unterschiede bei Sender und Empfänger.

In einem FM-Sender wird die Modulation durch Veränderung der Abstimmkapazität eines Oszillators erreicht, der bei 3 MHz arbeitet. Die Spule im Parallelschwingkreis des Oszillators hat eine Induktivität von 10 H. Das Ausgangssignal wird über Frequenzvervielfacher auf 120 MHz gebracht und soll dort einen Hub von 180 kHz haben. Wie groß muß die Kapazitätsvariation durch das modulierende Signal ausfallen?

Lösung

Gemeinsamkeiten von AM und FM

1.   In beiden Systemen wird eine Trägerschwingung durch ein NF-Signal moduliert; es entstehen Träger und Seitenbänder. Die Technik kann bei den unterschiedlichsten Kommunikationssystemen angewendet werden, beispielsweise Telegrafie, Telefonie usw.

2.   Beide Systeme verwenden Empfänger nach dem Superhetprinzip.

3.   Spezielle Verfahren bei AM-Empfängern, wie Verstärkungsregelung (AGC), finden auch bei FM-Empfängern Anwendung.

Gegensätze bei AM und FM

1.   Bei AM wird die Trägeramplitude variiert, bei FM die Trägerfrequenz.

2.   AM produziert zwei Seitenbänder und ist ein Schmalbandsystem. FM erzeugt eine große Anzahl von Seitenbändern und ist ein Breitbandsystem.

3.   Mit FM erzielt man ein weitaus besseres Signal-Rauschverhältnis als mit AM bei sonst gleichen Bedingungen.

4.   Obwohl es punktuell Ähnlichkeiten bei Sendern und Empfängern
     gibt, sind auch merkliche Unterschiede vorhanden.

5.   FM-Systeme sind in der Regel höher entwickelt und teurer als
     AM-Systeme.

Sender

Im AM-Sender muß Vorkehrung getroffen werden, um die Trägeramplitude
zu verändern, während bei FM die Trägerfrequenz variiert wird. AM-
und FM-Modulatoren sind daher grundsätzlich verschieden. Weiterhin
kann man FM direkt durch Frequenzmodulation und indirekt durch Phasenmodulation erzeugen. Der FM-Träger liegt in höheren Frequenzlagen,
wie z. B. im VHF-Band, da eine große Bandbreite belegt wird, die in
den niedrigeren überbelegten Bändern nicht verfügbar ist.

Empfänger

Obwohl AM- und FM-Empfänger im Grundsatz ähnlich sind, enthält letzterer einen Begrenzer, um Amplitudenschwankungen zu entfernen, und
einen Diskriminator (oder Ratiodetektor), um Frequenz- in Amplitudenschwankungen umzuwandeln. FM-Empfänger müssen also eine höhere Ver-
stärkung als AM-Empfänger haben, um den Diskriminator zweckentsprech-
end betreiben zu können. Letztlich bringen FM-Empfänger eine bessere
(high-fidelity) Wiedergabe wegen der höheren NF-Bandbreite von bis
zu 15 kHz verglichen mit den ca. 8 kHz von AM-Empfängern.

Rechnung

$$f_r = \frac{1}{2\pi\sqrt{LC}} = 3 \text{ MHz}$$

Aufgelöst nach C

$$C = \frac{1}{9 \cdot 10^{12} \cdot 4\pi^2 \cdot 10 \cdot 10^{-6}} = 280 \text{ pF}$$

Der benötigte Hub ist $\Delta f = \frac{180 \cdot 10^3}{120/3} = 4,5 \text{ kHz}$

also $f \pm \Delta f = \frac{1}{2\pi\sqrt{L(C \pm \Delta C)}}$

und $\delta C = 2C\frac{\delta f}{f} = 2 \cdot 280 \cdot 10^{-12} \cdot \frac{4,5 \cdot 10^3}{3 \cdot 10^6} = 0,84 \text{ pF}$

Also   Gesamtvariation = 2 · 0,84 pF = 1,68 pF

3.8 FM Stereo   [11,16]

Über FM-Rundfunksender, die einen maximalen Frequenzhub von ± 75 kHz
verwenden, kann stereofonische Musik übertragen werden. Da das NF-
Band auf 15 kHz begrenzt ist, kann das Spektrum oberhalb von 15 kHz
benutzt werden, um einen anderen NF-Kanal unterzubringen. Die zwei
zu übertragenden Audiokanäle sind der linke und rechte Kanal (L- und
R-Signal). In einer Matrixschaltung werden sie so kombiniert, daß
ein (L + R)-Signal, welches dem Monosignal entspricht, entsteht und
ein (L - R)-Signal, welches die Stereoinformation trägt.

Das (L + R)-Signal belegt das Frequenzband bis 15 kHz während das (L
- R)-Signal durch einen 38 kHz Hilfsträger auf das Frequenzband von
23 kHz bis 53 kHz umgesetzt ist. Das Hilfsträgersignal leitet man
von einem 19 kHz Quarzoszillator durch Verdopplung (Quadrieren) auf
38 kHz ab. Dieser wird dann über einen Balancemodulator mit dem (L-
R)-Signal moduliert, so daß ein DSBSC-Signal (Zweiseitenband AM ohne
Träger) entsteht.

Das (L + R)-Signal, das DSBSC-Signal und der 19 kHz Pilotton werden
addiert und bilden das Stereomultiplexsignal, mit dem dann der FM-
Sender frequenzmoduliert wird. 90 % des Spitzenhubs (± 67,5 kHz) werden der NF-Information zugeteilt, mit den restlichen 10 % (± 7,5
kHz) können Zusatzinformationen (im Frequenzband von 53 bis 75 kHz)
übertragenen werden. Die Frequenzbandbelegung und der Kodierer sind
in Bild 3.12 gezeigt.

Auf der Empfangsseite werden das demodulierte Signal und der davon
abgetrennte und quadrierte Pilotton einem Synchrondetektor zugeführt;
an den Ausgängen steht dann das ursprüngliche (L + R)- und (L - R)-
Signal wieder zur Verfügung. Diese werden in einer Matrixschaltung
addiert oder subtrahiert, um L- und R-Signal zur Ansteuerung separater
Lautsprecher wiederzugewinnen. Den Dekodierer zeigt Bild 3.13 und es
sei angemerkt, daß die Deemphasis erst hinter dem Synchrondemodulator
eingesetzt wird. Bei einem Einsatz davor würden die höherfrequenten
Anteile der Stereoinformation im Empfangssignal unzulässig abgesenkt.

Ein anderes Prinzip verwendet der Abtastdekoder [11].

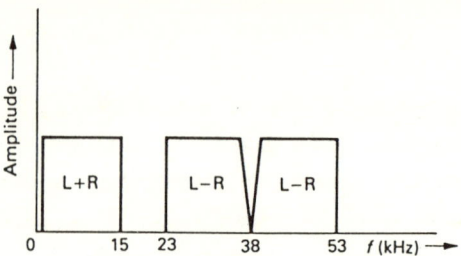

(a) Frequenzbandbelegung

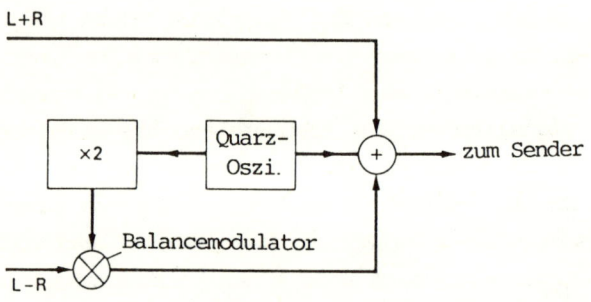

(b) Stereocoder

Bild 3.12   Spektrum und Kodierer bei FM-Stereo

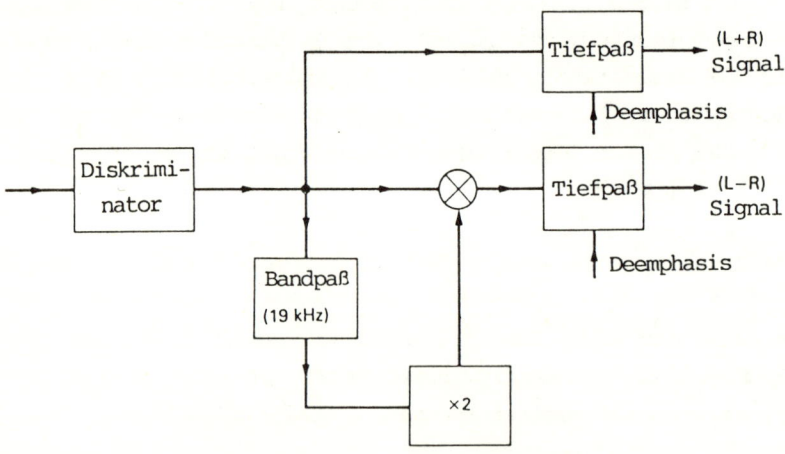

Bild 3.13   Stereodekoder

4 Phasenmodulation

Winkelmodulation eines Trägers führt auch auf eine andere Modulationsart, die als Phasenmodulation bekannt ist. Da nun beide Modulationsverfahren, Phasen- und Frequenzmodulation, mit der Beeinflussung der Trägerphase arbeiten, besteht ein inniger Zusammenhang zwischen PM und FM. Jedoch gibt es auch einige bedeutsame Unterschiede, die die Betrachtung der PM in einem separaten Kapitel rechtfertigen.

Bei der Phasenmodulation wird die Phase einer Trägerschwingung proportional zur modulierenden Spannung variiert, d. h. der Phasenwinkel steigt mit wachsender Modulationsspannung an und umgekehrt. Es sei v_i die Augenblicksspannung des unmodulierten Trägers; dann läßt sich schreiben

$$v_i = V_c \sin(\omega_c t + \phi)$$

wobei ϕ ein beliebiger Nullphasenwinkel des Trägers ist. Das modulierende Signal habe die Form $v_m = V_m \sin \omega_m t$ mit $\omega_m = 2\pi f_m$ und f_m sei die NF-Frequenz. Wenn nun die Trägerphase sinusförmig mit dem Phasenhub $\Delta\phi$, also der maximalen Phasenabweichung zwischen Träger und moduliertem Träger, variiert wird, erhält man

$$v_c = V_c \sin(\omega_c t + \phi + \Delta\phi \sin \omega_m t)$$

$$v_c = V_c \sin(\omega_c t + \Delta\phi \sin \omega_m t)$$

sofern der Nullphasenwinkel ϕ zu Null angesetzt wird.

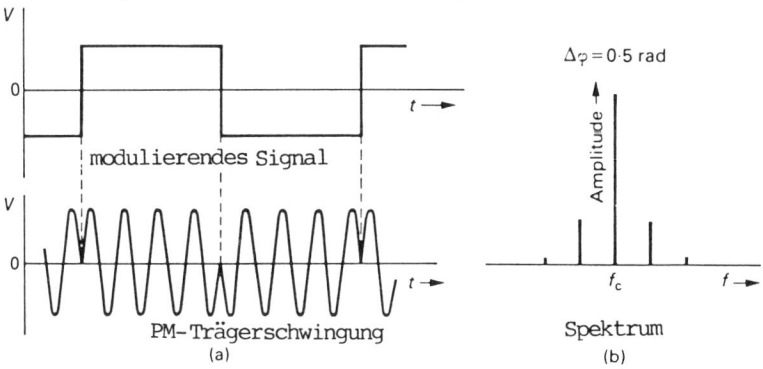

Bild 4.1 Phasenmodulation

Die Phasenänderungen in einer PM-Trägerschwingung lassen sich am besten bei einer Rechteckschwingung als modulierendes Signal sichtbar
machen, siehe Bild 4.1 (a). Hier dreht sich die Trägerphase um 180°,
wenn das modulierende Signal seinen Wert abrupt ändert. Ein typisches
Spektrum für ein sinusförmiges Modulationssignal zeigt Bild 4.1 (b).

4.1 PM-Spektrum

Der Ausdruck für ein PM-Signal hat eine ganz ähnliche Form wie der
für ein FM-Signal, wenn man $\Delta\phi = \Delta f_c/f_m$ setzt. Setzt man $\Delta\phi = m_p$ und
bezeichnet man m_p als Modulationsindex, ergibt sich

$$v_c = V_c\left(J_0(m_p)\sin\omega_c t + J_1(m_p)\{\sin(\omega_c + \omega_m)t - \sin(\omega_c - \omega_m)t\}\right.$$
$$\left. + J_2(m_p)\{\sin(\omega_c + 2\omega_m)t + \sin(\omega_c - 2\omega_m)t\} + \ldots\right)$$

Das Spektrum eines PM-Signals enthält also unendlich viele Seitenfrequenzen (siehe Bild 4.1 (b)), deren Amplituden durch die Besselfunktionen $J_0(m_p)$, $J_1(m_p)$ usw. gegeben sind. Folglich haben PM- und FM-
Signal gleiche Spektren, sofern $\Delta\phi = m_p = m_f$ gesetzt wird ($m_f = \Delta f/f_m$,
Modulationsindex bei FM). Jedoch wird bei PM aus praktischen Gründen
ein fester Maximalwert für den Phasenhub $\Delta\phi$ vorgegeben. D. h., bei
Änderungen der modulierenden Frequenz f_m variiert die Frequenzabweichung Δf mit f_m so, daß $\Delta\phi = \Delta f/f_m$ konstant bleibt.

Hier liegt der Unterschied zu FM, bei der der Frequenzhub Δf konstant
gehalten wird und auch groß gewählt werden kann. Da die Verbesserung
im Signal-Rauschverhältnis mit großem Frequenzhub Δf einhergeht, wird
deswegen FM in vielen praktischen Anwendungen gegenüber PM vorgezogen.
Der wesentliche Unterschied zwischen PM und FM liegt infolgedessen
in der Tatsche begründet, daß im ersteren Fall Δf (proportional zu f_m)
begrenzt werden muß, um $\Delta\phi$ nicht zu stark ansteigen zu lassen, und im
letzteren Δf (unabhängig von f_m) ziemlich groß gewählt werden kann,
um so ein gutes Signal-Rauschverhältnis zu erzielen.

Beispiel 4.1

Eine amplitudenmodulierte Schwingung ist gegeben durch

$$e = E_c(1 + 0,2\cos(\pi 10^3 t))\sin(2\pi 10^7 t)$$

Die Trägerkomponente wird entfernt und mit $+\pi/2$ rad Phasenverschiebung wieder zugesetzt. Zeigen Sie, daß das resultierende Signal phasenmoduliert ist und berechnen Sie

(a) den Phasenhub,

(b) den korrespondierenden Frequenzhub,

(c) die Modulationstiefe der Rest-AM und

(d) die Frequenz der Rest-AM.

Lösung

Das AM-Signal ist als Zeigerdiagramm in Bild 4.2 (a) dargestellt. Dreht man den Trägerzeiger um + π/2, so ist der Summenzeiger durch den Winkel ± Δφ phasenmoduliert, wie in Bild 4.2 (b) gezeigt. Nimmt

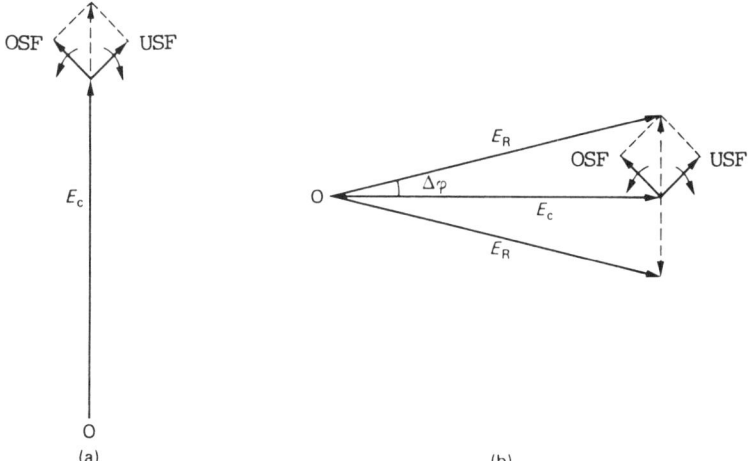

(a)   (b)

Bild 4.2 Zeigerdarstellung AM- und PM-Signal

man an, daß Δφ ein kleiner Winkel ist, wird

(a)   Phasenhub = Δφ

$$\tan \Delta\phi = \frac{0{,}2E_C}{E_C} = 0{,}2$$

$$\Delta\phi \approx 0{,}2$$

da $\tan \Delta\phi \approx \Delta\phi$ für kleine Argumente.

(b)   Die maximale Frequenzabweichung, also der Frequenzhub Δf_C, verursacht durch einen Phasenhub von Δφ , ist

$$\Delta f_C = f_m \Delta\phi = (\pi 10^3 / 2\pi)\ 0{,}2 = 100\ \text{Hz}$$

(c)   Der Modulationsgrad bzw. die Modulationstiefe der Rest-AM ist

$$m = \frac{E_R - E_C}{E_C} = \frac{E_R}{E_C} - 1$$

$$E_R = \sqrt{E_C^2 + (0,2E_C)^2} = E_C\sqrt{1 + 0,04} = E_C \cdot 1,02$$

$$m = \frac{E_R}{E_C} - 1 = 1,02 - 1 = 0,02$$

(d)   Die Frequenz der Rest-AM ist doppelt so groß wie die des modulierenden Signals, da der Summenzeiger zweimal in der Modulationsperiode sein Maximum erreicht. Es gilt also

Frequenz der Rest-AM = 2 · 500 Hz = 1 kHz

4.2 PM/FM-Erzeugung

Eine der Hauptanwendungen der Phasenmodulation ist die Erzeugung eines
FM-Signals auf indirektem Wege, auch als Armstrong-System [17] bekannt. Der besondere Vorteil dieser Methode ist der, daß ein hochsta-
biler Quarzoszillator verwendet werden kann, dessen Phase nur geringfügig verändert wird.

Um sicherzustellen, daß die zugehörige Frequenzänderung konstant und
unabhängig von der modulierenden Frequenz ist (wie für FM notwendig),
muß das modulierende Signal modifiziert werden, bevor es auf den Eingang des Phasenmodulators gegeben wird. Ein integrierendes Netzwerk,
wie in Bild 4.3 dargestellt, erfüllt diese Aufgabe.

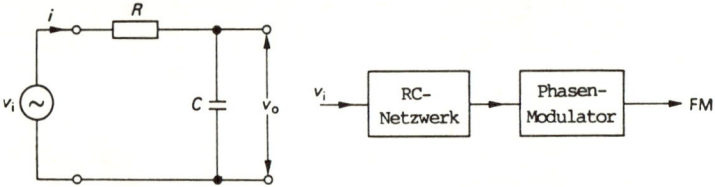

Bild 4.3   FM-Erzeugung mittels Phasenmodulator

Für das integrierende Netzwerk in Bild 4.3 gilt

$$i = \frac{v_i}{R - \frac{j}{\omega_m C}}$$

$$v_o = i(- j/\omega_m C) = \frac{v_i}{R - \frac{j}{\omega_m C}}(- \frac{j}{\omega_m C})$$

oder
$$\frac{v_o}{v_i} = \frac{-j}{\omega_m RC - j}$$

$$\frac{|v_o|}{|v_i|} = \frac{1}{\sqrt{1 + \omega_m^2 R^2 C^2}}$$

Ist $\omega_m RC \gg 1$, so gilt

$$\frac{|v_o|}{|v_i|} = \frac{1}{\omega_m RC}$$

$$|v_o| = k/f_m$$

wobei k ein Proportionalitätsfaktor ist.

Da $\Delta f = f_m \Delta\phi$ und bei PM $\Delta\phi$ proportional zu $|v_o|$ ist, gilt

$$\Delta f = f_m k/f_m = k$$

Δf ist - wie bei Frequenzmodulation - konstant.

Die Grundfunktion des Armstrongmodulators ist die, einen Träger in
der Phase zu modulieren, der um 90° bezüglich der modulierenden Si-
gnalkomponenten gedreht ist. Der Phasenhub wird klein (< 0,5 rad)
gemacht, um Verzerrungen klein zu halten. Der sich ergebende Frequenzhub, der zunächst zu klein ist, wird mittels Frequenzvervielfacherstufen auf ± 75 kHz gebracht. Das Zeigerdiagramm dazu zeigt Bild 4.4
und eine Blockschaltung Bild 4.5.

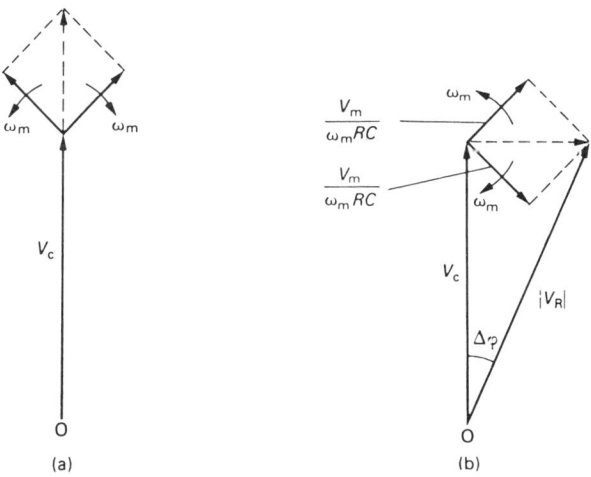

(a)   (b)

Bild 4.4   Zeigerdiagramm zum Armstrongmodulator

Um nachzuweisen, daß das Ausgangssignal des Modulators ein FM-Signal darstellt, werde als Eingangssignal $v_i = V_m \sin \omega_m t$ angesetzt; das Ausgangssignal v_o des Integrators ist dann

$$v_o = \frac{-jv_i}{\omega_m RC - j} = \frac{v_i}{1 + j\omega_m RC} \simeq \frac{V_m \sin \omega_m t}{\omega_m RC / 90^o}$$

wenn $\omega_m RC \gg 1$. Weiter gilt dann

$$v_o = \frac{V_m}{\omega_m RC} \sin \omega_m t / \underline{-\ 90^o} = \frac{-\ V_m}{\omega_m RC} \cos \omega_m t$$

Dieses Signal moduliert einen Träger $v_c = V_c \sin \omega_c t$; das Ausgangssignal eines Balancemodulators ist das Produkt $v_s = kv_o \cdot v_c$ oder

$$v_s = \frac{-\ kV_m V_c}{\omega_m RC} \sin \omega_c t \cos \omega_m t$$

wobei k ein Proportionalitätsfaktor ist.

Addiert man diese Komponenten nach 90° Phasenverschiebung mit dem obigen Trägersignal v_c, erhält man den Summenzeiger v_R, siehe Bild 4.4

$$v_R = v_c + jv_s = V_c \sin \omega_c t - \frac{kV_c V_m}{\omega_m RC} \cos \omega_c t \cos \omega_m t$$

wobei $\cos \omega_c t$ für $j \sin \omega_c t$ geschrieben wurde.

Führt man ein

$$\frac{kV_c V_m}{\omega_m RC} \cos \omega_m t = A \sin \Delta\phi \quad \text{und} \quad V_c = a \cos \Delta\phi$$

kann man schreiben

$$v_R = A \sin \omega_c t \cos \Delta\phi - A \cos \omega_c t \sin \Delta\phi = A \sin(\omega_c t - \Delta\phi)$$

mit

$$A = V_c \sqrt{1 + \left(\frac{kV_m \cos \omega_m t}{\omega_m RC}\right)^2} \quad \text{und} \quad \tan \Delta\phi = \frac{kV_m}{\omega_m RC} \cos \omega_m t$$

Schließlich läßt sich wegen $\omega_m RC \gg 1$ der tan durch sein Argument ersetzen, und so wird

$$v_R \simeq V_c \sqrt{1 + \left(\frac{kV_m \cos \omega_m t}{\omega_m RC}\right)^2} \ \sin\left(\omega_c t - \frac{kV_m}{\omega_m RC} \cos \omega_m t\right)$$

Der Ausdruck für v_R ist ähnlich dem eines FM-Signals, jedoch mit einem geringen Anteil von AM wegen des zweiten Terms unter der Wurzel. Diese AM kann durch einen Begrenzer eliminiert werden. Der Frequenzhub von $\Delta f = kV_m/(2\pi RC)$ ist gering, da $\Delta\phi$ aus Linearitätsgründen nur um 0,5 rad beträgt.

4.3 PM/FM-Sender

Die durch das modifizierte Modulationssignal erzeugte Frequenzmodulation ist zu gering. Bei der niedrigsten NF-Frequenz von 50 Hz beispielsweise ergibt sich, da $\Delta\phi$ üblicherweise ca 0,5 rad beträgt, ein
Frequenzhub von $\Delta f = 50 \cdot 0,5$ Hz = 25 Hz. Da typische FM-Systeme einen
Hub von $\Delta f = \pm 75$ kHz verwenden, ist eine ca. 3000fache Frequenzvervielfachung vorzusehen.

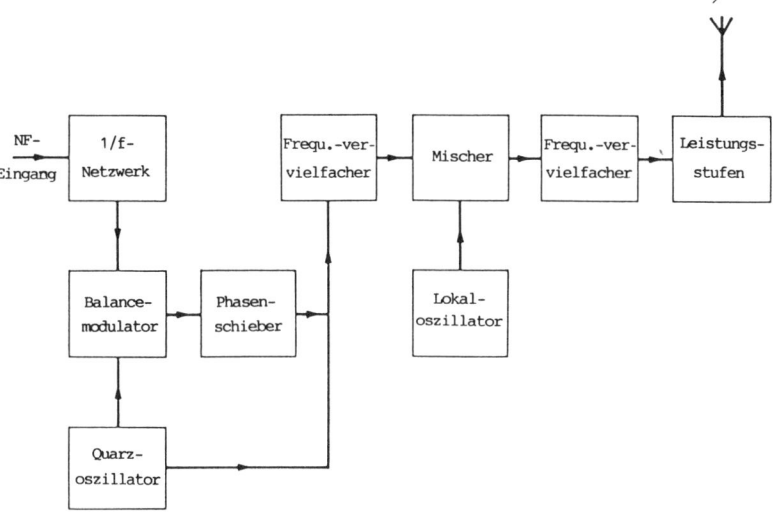

Bild 4.5 FM-Sender mit Phasenmodulator

Frequenzvervielfacherstufen und Mischstufen sorgen dafür, daß das
letztlich auszusendende Signal in die gewünschte Frequenzlage, meist
das VHF-Band transponiert wird. Die Blockschaltung Bild 4.5 zeigt
den Quarzoszillator, der mit einem Anfangsfrequenzhub von ± 25 Hz
moduliert wird. Eine erste Vervielfacherkette bringt diesen Hub auf
$\Delta f = \pm 1,5$ kHz. In der Mischstufe mit der Lokaloszillatorfrequenz von
10,8 MHz wird das Signal in die (Differenz-)Frequenzlage von 1,8 MHz
umgesetzt. Die zweite Vervielfacherkette multipliziert es auf die
gewünschten 90 MHz ± 75 kHz. Die Leistungsendstufe erzeugt einen Aus-
gangspegel von beispielsweise 10 W und gibt das so verstärkte Signal
an die Antenne weiter.

5 Pulsmodulation

Bisher wurde die Modulation eines Trägers mit analogen Signalen betrachtet. Systeme, die auf dieser Technik beruhen, sind weitverbreitet. Dies wird auch weiterhin wegen ihrer Einfachheit und hervorra-
gender Eigenschaften für bestimmte Anwendungen so bleiben. Jedoch hat
neben solchen Systemen die Entwicklung und der Gebrauch von Modula-
tionssystemen mit digitalen oder impulsförmigen Signalen zu alterna-
tiven Modulationsformen geführt, die allgemein als Pulsmodulation
bezeichnet werden [2,18]. Die speziellen Eigenschaften solcher Systeme
müssen untersucht und bewertet werden, um zu erkennen, ob diese in gewissen Fällen den schon länger existierenden analogen Systemen über-
legen sind.

Die Grundlage der Pulsmodulation ist die Verwendung eines digitalen
Trägersignals, das durch ein analoges Modulationssignal moduliert
wird. Dies kann auf verschiedene Art und Weise erreicht werden, wodurch man auf unterschiedliche spezielle Typen der Pulsmodulation
kommt. Diese werden nun der Reihe nach untersucht und bezüglich der
Technik und des Signal-Rauschverhältnisses verglichen.

5.1 Pulsamplitudenmodulation

Bei der Pulsamplitudenmodulation (PAM) wird die Amplitude einer Folge
von digitalen Impulsen proportional zum modulierenden Signal variiert.
Im Grunde wird das modulierende Signal durch die digitale Impulsfolge
abgetastet, und der Vorgang stützt sich auf das Abtasttheorem.

Zur Vereinfachung wird das modulierende Signal als einzelne Sinusschwingung mit der Frequenz f_m angesetzt und der digitale Träger als
Folge von Rechteckimpulsen mit der Amplitude von 1 V, der Abtastfrequenz f_S und der Impulsbreite τ.Die Verhältnisse sind in Bild 5.1
(a) dargestellt und die Abtastschaltung in Bild 5.1 (b).

Die unmodulierte Impulsfolge kann dann durch den folgenden Ausdruck
dargestellt werden [18,19]

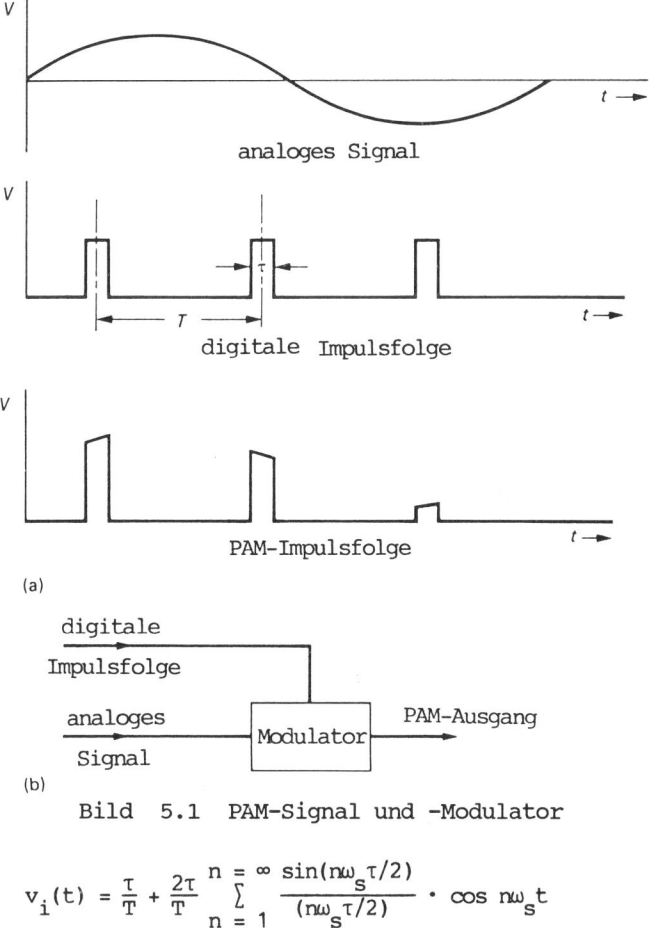

(a)

(b)

Bild 5.1 PAM-Signal und -Modulator

$$v_i(t) = \frac{\tau}{T} + \frac{2\tau}{T} \sum_{n=1}^{n=\infty} \frac{\sin(n\omega_s\tau/2)}{(n\omega_s\tau/2)} \cdot \cos n\omega_s t$$

wobei die Impulse auf 1 V normiert sind, und $T = 1/f_s$ gesetzt wurde.

Das modulierende Signal sei $v_m = mV \sin \omega_m t$ mit $V = 1$ Volt und dem Modulationsgrad (der Modulationstiefe) m. Der Modulationsprozeß ist im Grunde der einer Amplitudenmodulation. Das PAM-Signal erhält man also einfach, indem man die Trägerspannung $v_i(t)$ wie bei AM mit einem Faktor $(1 + m \sin \omega_m t)$ multipliziert. Die modulierte Impulsfolge ergibt sich also zu

$$v_c(t) = (1 + m \sin \omega_m t)\left(\frac{\tau}{T} + \frac{2\tau}{T} \sum_{n=1}^{n=\infty} \frac{\sin(n\omega_s\tau/2)}{(n\omega_s\tau/2)} \cdot \cos n\omega_s t\right)$$

$$= \frac{\tau}{T} + \frac{m\tau}{T} \sin \omega_m t + \frac{2\tau}{T} \sum_{n=1}^{n=\infty} \frac{\sin x}{x} \cos n\omega_s t$$

$$+ \frac{2m\tau}{T} \sum_{n=1}^{n=\infty} \frac{\sin x}{x} \cos n\omega_s t \cdot \sin \omega_m t$$

wobei $x = n\omega_s\tau/2$ gesetzt wurde. Weiter folgt

$$v_c(t) = \frac{\tau}{T} + \frac{m\tau}{T} \sin \omega_m t + \frac{2\tau}{T} \sum_{n=1}^{n=\infty} \frac{\sin x}{x} \cos n\omega_s t$$

$$+ \frac{m\tau}{T} \sum_{n=1}^{n=\infty} \frac{\sin x}{x}(\sin(\omega_s + \omega_m)t + \sin(\omega_s - \omega_m)t)$$

Das Spektrum des modulierten Signals erhält man, indem man zunächst beachtet, daß die unmodulierte Impulsfolge diskrete Frequenzkomponenten bei f_s, $2f_s$, $3f_s$ usw. enthält. Wegen der Amplitudenmodulation umgibt sich nun jede dieser Komponenten mit einer unteren und einer oberen Seitenbandfrequenz. Das Spektrum läßt sich also einfach darstellen (Bild 5.2 (a)).

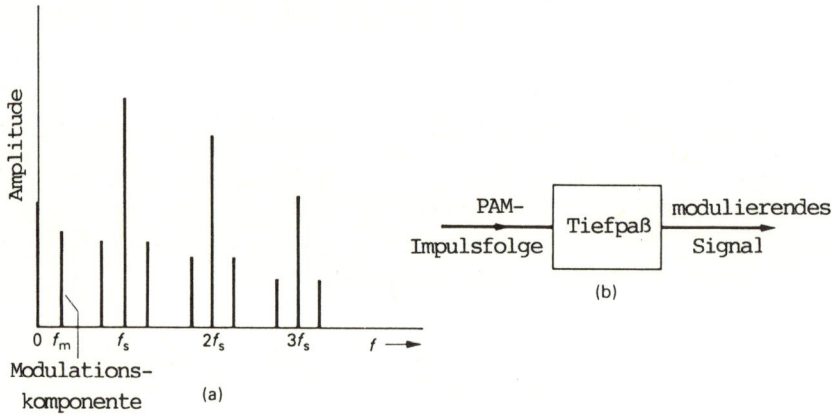

Bild 5.2   PAM-Spektrum und PAM-Demodulator

Insbesondere ersieht man aus dem Ausdruck für $v_c(t)$, daß das ursprüngliche analoge, modulierende Signal mit der Frequenz f_m und der Amplitude $m\tau/T$ im modulierten Signal enthalten ist. Um also die Modulation zurückzugewinnen, muß man die modulierte Impulsfolge durch einen Tiefpaß schicken, wie in Bild 5.2 (b) dargestellt. Am Ausgang hat man dann neben dem Modulationssignal noch eine Gleichspannungskomponente.

Dies System kann für komplexere Signale, wie zum Beispiel Sprache, Verwendung finden. Die Abtastfrequenz kann an die begrenzte Signalbandbreite der Sprache angepaßt werden, die deswegen zunächst durch ein passendes Filter geschickt und dann erst auf den Eingang des PAM-

Modulators gegeben wird. Die PAM-Technik leidet jedoch wie die AM-Technik auch an den Beschränkungen bezüglich des Signal-Rauschverhältnisses. Sie wird deswegen im allgemeinen nicht für ein Gesamtsystem genutzt, sondern weitgehend als Grundprozeß in anderen Pulssystemen wie z. B. PDM und PPM.

5.2 Pulsdauermodulation

Die Technik, die die Impulsbreite durch das modulierende Signal beeinflußt, wird Pulsbreitenmodulation (PWM pulse width modulation) oder Pulsdauermodulation (PDM pulse duration modulation) genannt. Entweder die vordere oder die rückwärtige Impulsflanke oder auch beide können durch die Modulation variiert werden.

Für' ein System, in dem die vordere Flanke der Impulsfolge zeitlich konstant bleibt, während die hintere in ihrer Position veränderlich ist, werde angenommen, daß die Vorderflanken jeweils zu den Zeitpunkten 0, $1/f_s$, $2/f_s$ usw. auftreten, wobei f_s die Impulsfolgefrequenz ist. Hat das modulierende Signal die Form $v_m = mV \sin \omega_m t$ mit $V = 1$ Volt, dann verändert sich die Impulsdauer wie $(1 + m \sin \omega_m t)$, wobei τ die unmodulierte Impulsdauer darstellt.

Die ursprüngliche Impulsfolge $v_i(t)$ sei gegeben durch

$$v_i(t) = \frac{\tau}{T} + \frac{2\tau}{T} \sum_{n=1}^{n=\infty} \frac{\sin x}{x} \cos n\omega_s t$$

mit $x = n\omega_s\tau/2$ und auf 1 Volt Spitzenwert normalisiert. Für die modulierte Impulsfolge $v_c(t)$ erhält man dann

$$v_c(t) = \frac{\tau}{T}(1 + m \sin \omega_m t) + \sum_{n=1}^{n=\infty} \frac{2}{n\pi} \sin(\frac{n\omega_s\tau}{2}(1 + m \sin \omega_m t)) \cos n\omega_s t$$

$$= k + mk \sin \omega_m t + \sum_{n=1}^{n=\infty} \frac{2}{n\pi} \sin(\frac{n\omega_s\tau}{2}(1 + m \sin \omega_m t)) \cos n\omega_s t$$

mit der Konstanten $k = \tau/T = \tau f_s$.

Der erste Term erweist sich als Gleichstromanteil, der durch einen Koppelkondensator unterdrückt werden kann, während der zweite Term das mit dem Faktor mk multiplizierte Modulationssignal ist. Haben die anderen Frequenzanteile einen genügenden Abstand von f_m, kann die

Modulation durch Tiefpaßfilterung wiedergewonnen werden. Die Technik
zeigt Bild 5.3 (a); hierbei variiert die Ausgangsimpulsbreite mit
der Modulaion. Ein typischer Demodulator ist in Bild 5.3 (b) dargestellt.

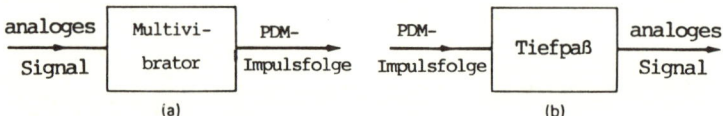

Bild 5.3   PDM-Modulator und -Demodulator

Im Vergleich zu PAM läßt sich mit PDM eine bessere Systemgüte bezüglich des Rauschabstands erzielen. Rauschen beeinflußt hauptsächlich
die abfallende Impulsflanke, die die Information trägt. Rauschen an
der ansteigenden Flanke oder während der Impulsdauer hat einen gerin-
geren Einfluß als bei PAM. Der Gesamteinfluß des Rauschens kann ver-
mindert werden, indem man steiler abfallende Impulsflanken benutzt.
Dies folgt unmittelbar aus der Tatsache, daß PDM eine größere Bandbreite benötigt und damit ein besseres Signal-Rauschverhältnis zu
erzielen ist. Im Anhang D wird gezeigt, daß $v_c(t)$, in eine Reihe entwickelt, einem PM-Signal entspricht, sich hinsichtlich des Signal-
Rauschverhältnisses also auch ganz ähnlich verhält.

5.3   Pulsphasenmodulation

Man nennt den Prozeß, bei dem man die Position oder Auftrittszeit
eines Impulses durch das modulierende Signal variiert, Pulszeitmodu-
lation (PTM pulse time modulation) oder Pulsphasenmodulation (PPM).
Man erreicht dies, indem man jeden Impuls von seiner Ausgangslage
(im unmodulierten Fall) ausgehend um einen Anteil proportional zum
modulierenden Signal verschiebt.

Die unmodulierte Impulsfolge wird durch $v_i(t)$ angegeben; es gilt

$$v_i(t) = \frac{\tau}{T} + \frac{2\tau}{T} \sum_{n=1}^{n=\infty} \frac{\sin(n\omega_s\tau/2)}{n\omega_s\tau/2} \cos n\omega_s t$$

$$= \tau f_s + \sum_{n=1}^{n=\infty} \frac{2}{n\pi} \sin(n\pi f_s\tau) \cos(2n\pi f_s t)$$

Dabei ist f_S die Abtastfrequenz und $f_S = 1/T$, die Mitte jedes Impulses
tritt zu den Zeitpunkten 0, T, 2T, usw. auf. Aufgrund des modulierenden Signals v = sin $\omega_m t$ wird nun jeder Impuls zeitlich verschoben,
und zwar um Δt sin $\omega_m t$ bzw. mT sin $\omega_m t$ mit m = $\Delta t/T$. Folglich läßt
sich für die modulierte Impulsfolge schreiben

$$v_c(t) \simeq \frac{\tau}{T} + m\omega_m \tau \cos \omega_m t$$

$$+ \frac{2\tau}{T} \sum_{n=1}^{n=\infty} \frac{\sin x}{x}(1 + m\omega_m T \cos \omega_m t)\cos n(\omega_s t + \phi(t))$$

mit x = $n\omega_s\tau/2$ und $\phi(t) = m\omega_s T$ sin $\omega_m t$, siehe Anhang D. Der dritte
Term kann weiter entwickelt werden, und zwar in eine unendliche Reihe
von Besselfunktionen.

Im Anhang D wird gezeigt, daß $v_c(t)$ einen Term proportional zum modulierenden Signal und einen Satz phasenmodulierter Schwingungen enthält. Der Modulationsgrad m ist allgemein klein, jedoch erzielt man
ein etwas besseres Signal-Rauschverhältnis als bei PAM oder PDM. Dies
kann damit erklärt werden, daß Rauschen einen kleineren Störeinfluß
auf die zeitliche Position einer Impulsflanke, die ja die Information
enthält, ausübt.

Um die Modulation zurückzugewinnen, wird üblicherweise die PPM-Impulsfolge empfängerseitig in ein PDM- oder PAM-Signal zurückgewandelt
und dann durch ein Tiefpaßfilter geschickt. Bild 5.4 zeigt eine Blockschaltung für das Verfahren.

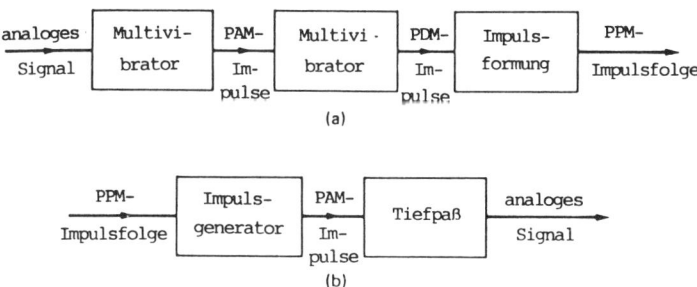

Bild   5.4   PPM-Übertragungssystem

5.4 Pulscodemodulation   [20]

Die Modulationsform, die codierte Impulsgruppen zur Darstellung gewisser Werte des modulierenden Signals verwendet, nennt man Pulscodemodulation (PCM). Wenn das Signal einen kontinuierlichen Wertevorrat
hat, wird es einem endlichen, diskreten Wertevorrat zwischen einer
oberen und unteren Grenze zugeordnet, eine Methode, die als Quantisierung bekannt ist. Ein so quantisiertes Signal ist eine Approxima-
tion eines analogen Signals. Bei gleichförmiger, also linearer Quantisierung sind die Quantisierungsintervalle gleich groß, bei ungleich-
förmiger Quantisierung verschieden groß. Bild 5.5 zeigt die Verhältnisse.

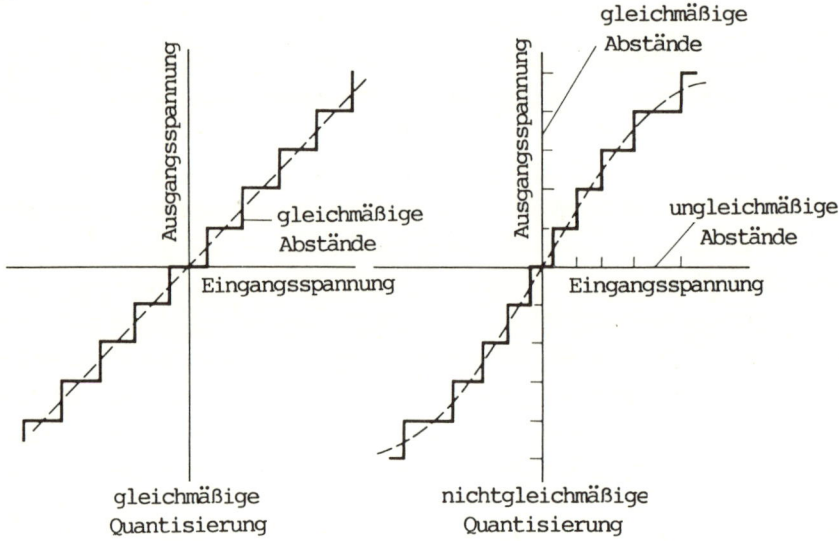

Bild 5.5 Lineare und nichtlineare Quantisierungskennlinie

Das zu übertragende Signal wird zunächst abgetastet, und die Abtastwerte, die einem PAM-Signal entsprechen, werden dann im Quantisierer
zum nächsten Quantisierungspegel gerundet. Üblicherweise folgt eine
Codierung in Impulsgruppen (Codeworte) entsprechend einem Binärcode.
Jede Impulsgruppe stellt den quantisierten Pegel als eine Binärzahl
dar, und die maximale Anzahl von Impulsen einer Gruppe hängt ab von
der Gesamtzahl der Quantisierungspegel, die für ein System gewählt
wurden. Beispielsweise werden 128 Pegel mit nichtlinearer Quantisierung für Sprachsignale benutzt (2^7 = 128), so daß 7-bit-Codeworte
entstehen. Die Unterschiede zwischen den analogen und quantisierten

Signalpegeln führt zu einer Unsicherheit, die auch mit Quantisierungsrauschen bezeichnet wird. Diese Art von Rauschen läßt sich nur dadurch
reduzieren, daß eine größere Anzahl von Quantisierungspegeln vorgesehen wird; beispielsweise würden 256 Pegelstufen zu Gruppen mit 8
Impulsen führen, was aber mit erhöhtem Bandbreitenbedarf verbunden
ist. Allgemein gilt, falls q die Anzahl der Quantisierungspegel, p
die maximale Anzahl der Impulse pro Gruppe, also die Codsewortlänge,
und l die Anzahl der Spannungspegel pro Impuls ist, der Zusammenhang

$$l^p = q$$

oder $p = \log_l q$ Impulse

Speziell gilt für binäre PCM, bei der die beiden Spannungspegel 0 V
und +1 V benutzt werden, bei der also l = 2 ist,

$$p = \log_2 q \quad \text{Impulse}$$

Kommt ein bipolarer Binärcode mit den Spannungspegeln +1 V und -1 V
zum Einsatz, so läßt sich etwas an Leistung sparen; denn es muß kein
Gleichspannungspegel mitübertragen werden, der sowieso keine Information enthält. Weiterhin ist eine gewisse Verbesserung des Verhältnisses Signal zu Quantisierungsrauschen zu verzeichnen, ohne daß man
die Anzahl der Quantisierungsstufen erhöht, indem man eine nichtlineare Quantisierungskennlinie benutzt. Dies läuft darauf hinaus, bei
niedrigen Signalwerten kleinere Quantisierungsstufen zu verwenden
und bei hohen entsprechend größere. Es wird dann weniger Rauschen
bei den niedrigeren Signalpegeln erzeugt; der höhere Rauschbetrag,
der bei den höheren Signalpegeln entsteht, ist wegen der hohen Signal-
werte weniger störend.

In praktischen Systemen wird die nichtlineare Quantisierung dadurch
erreicht, daß Sprachsignale sendeseitig in ihrer Dynamik durch einen
Kompressor begrenzt und dann linear quantisiert werden. Auf der Empfängerseite werden die ursprünglichen Signalpegel mittels Expander
mit entgegengesetzter Kennlinie wiederhergestellt. Die Kombination
von Kompressor und Expander ist auch als Kompander bekannt.

Eine gängige Übertragungskennlinie eines Kompressors zeigt Bild 5.6.
Verwendet wird die A-Kennlinie (Europa) und die μ-Kennlinie (USA,
Japan). Für die μ-Kennlinie gilt [21]

$$|v_o| = \frac{\log(1 + \mu|v_i|)}{\log(1 + \mu)}$$

wobei v_i und v_o normierte Ein- bzw. Ausgangsspannungen sind und μ ein Parameter. Für μ = 0 ergibt sich lineare Quantisierung.

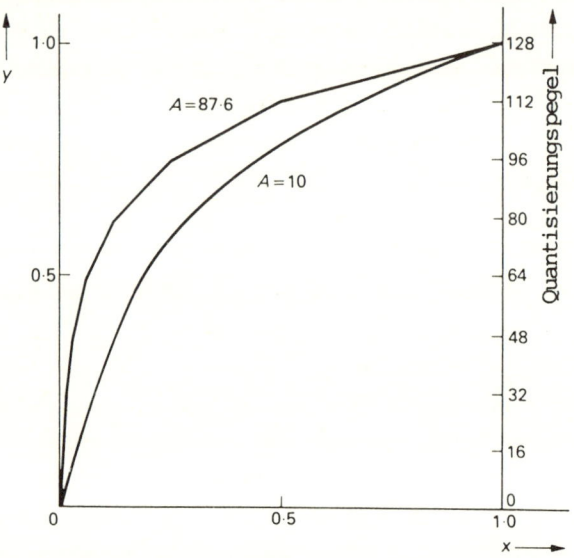

Bild 5.6 A-Kennlinien, davon eine segmentiert

Die Blockschaltung eines einkanaligen PCM-Systems zeigt Bild 5.7. Das Analogsignal wird als erstes durch ein Tiefpaßfilter mit der Grenzfrequenz W bandbegrenzt (in Übereinstimmung mit dem Abtasttheorem) und dann abgetastet. Die Abtastimpulse werden im Quantisierer zum nächtgelegenen Quantisierungspegel gerundet und im Codierer in Codeworte entsprechend dem Binärcode umgewandelt. Das Bild 5.8 zeigt die jeweiligen Signale.

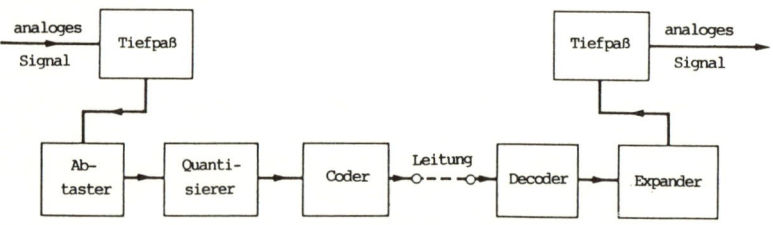

Bild 5.7 Einkanaliges PCM-System

Die gesendete Impulsfolge eines bipolaren PCM-Systems besteht aus Impulsgruppen, wobei ein positiver Impuls eine "1" und ein negativer Impuls eine "0" darstellt. Nach der Übertragung werden die Impuls-

gruppen im Decoder decodiert. Das Ergebnis ist eine Impulsfolge aus
einzelnen Impulsen jeweils unterschiedlicher Amplitude; jede Impulsamplitude repräsentiert einen der sendeseitig quantisierten Abtastwerte. Nachdem diese Impulsfolge ein Tiefpaßfilter durchlaufen hat,
steht das zurückgewonnene Analogsignal sowie zusätzliches Schaltkreis-
rauschen und Quantisierungsrauschen an.

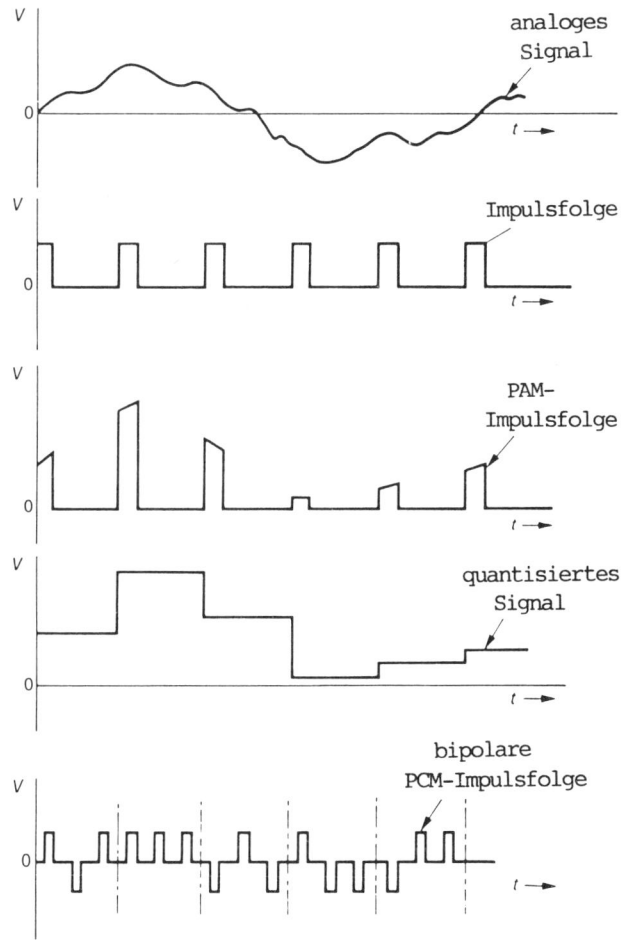

Bild 5.8 Signale bei der Pulscodemodulation

Beispiel 5.1

Erklären Sie, wie die Pulscodemodulation (PCM) zur Übertragung einer
kontinuierlichen Signalschwingung mittels Binärzeichen verwendet wird.
Was sind die Vorteile der PCM?

Beschreiben Sie mit Hilfe eines Blockschaltbildes ein Zeitmultiplexsystem, welches unter Verwendung der PCM-Technik vier Telefonsignale
auf einer Leitung übertragen kann.

Schätzen Sie die benötigte Bitrate ab, wenn jedes Signal Frequenzen
zwischen 0 und 3 kHz enthält und jeweils 64 Quantisierungspegel verwendet werden.

Lösung

Die Antwort auf den ersten Teil der Frage findet man am Anfang dieses
Abschnitts. Die Vorteile von PCM werden im Beispiel 5.2 erwähnt.

Da bei PCM Impulse übertragen werden, liegt es nahe, in den Impuls-
pausen die Impulse weiterer PCM-Signale zu übertragen. Diese Art der
Bündelung wird Zeitmultiplex (TDM time division multiplex) genannt.
Ein Blockschaltbild eines Systems mit vier Telefonkanälen ist in Bild
5.9 gezeigt.

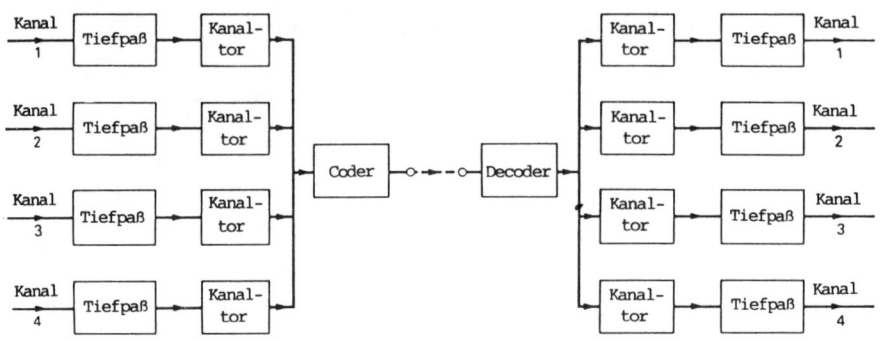

Bild 5.9 Zeitmultiplexsystem für 4 Kanäle

Im Bild 5.9 wird dargestellt, daß die Sprachsignale nach Tiefpaßfilterung je einer Kanaltorschaltung zugeführt werden. Diese werden der
Reihe nach geöffnet, gesteuert durch eine Impulsfolge (Taktsignal).
Hierdurch werden die Sprachsignale nacheinander abgetastet und danach
quantisiert. Die vier Ausgangssignale werden zusammengefaßt und können
nach Durchlaufen des Codierers seriell über eine Leitung abgesendet
werden. Empfangsseitig wird die Zeitmultiplex-Impulsfolge decodiert

und den Kanaltorschaltungen zugeführt, die nacheinander entsprechend denen auf der Sendeseite geöffnet werden. Damit sind die Signale der vier Kanäle wieder getrennt; durch Filterung können die Sprachsignale zurückgewonnen werden.

Rechnung

Bei der Bandbreite von 0 bis 3 kHz sollte die Abtastfrequenz mindestens das Doppelte betragen; für CCITT-Sprachkanäle wird üblicherweise 8 kHz benutzt, was einen gewissen Schutzabstand beinhaltet. Um vier Kanäle unterzubringen, muß dieser Wert vervierfacht werden. Also gilt für die Abtastfrequenz

$$f_S = 4 \cdot 8 \cdot 10^3 = 32 \text{ kHz}$$

Bei $64 = 2^6$ Stufen benötigt man Gruppen aus 6 Impulsen (6-stufiger Code) für ein PCM-System. Es wird dann

$$\text{Impulsrate} = 6 \cdot 32 \cdot 10^3 = 192 \quad \text{kbit/s}$$

Wenn zu Synchronisationszwecken jeder Gruppe noch ein zusätzlicher Synchronisationsimpuls angefügt wird, ergibt sich eine Impulsrate von 224 kbit/s.

5.5 TDM/PCM-Telefonsystem

Ein typisches PCM-System zur Übertragung von Telefonkanälen zwischen Ortsvermittlungsstellen verwendet Kabel im NF-Bereich und Zeitmultiplex für beispielsweise 24 Sprachkanäle. Es benutzt eine Bitrate von 1,536 Mbit/s für die Digitalsignale aus 8-bit Codeworten; benötigt werden regenerierende Verstärker.

Die Sprachsignale werden dabei mit 8 kHz abgetastet. Bei 128 Amplitudenstufen ergeben sich 7-bit Codeworte, nichtlineare (logarithmische) Quantisierung kommt zum Einsatz. Ein achter Impuls wird jeder Impulsgruppe zum Zwecke der Synchronisierung zwischen Sender und Empfänger zugefügt. Die Regeneratoren, die integrierte Schaltkreise enthalten, haben einen Abstand von etwa 2 km. Einzelheiten dieses Systems zeigt Bild 5.10. Ein anderes System verwendet 32 Zeitfenster für 30 Sprachkanäle und arbeitet mit 2,048 Mbit/s.

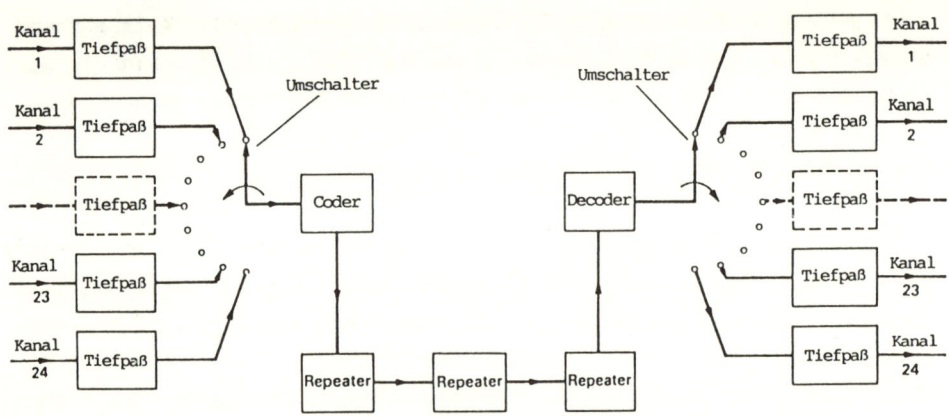

Bild 5.10 PCM-System für 24 Kanäle

5.6 Hauptleistungsmerkmale der PCM-Technik

Zur Übertragung von Nachrichten findet die PCM-Technik zunehmend Anwendung, sowohl im Nah- als auch im Fernverkehr. Der Hauptvorteil
der PCM ist das sehr gute Signal-Rauschverhältnis, das man bei erhöhtem Bandbreitenbedarf erzielt. Da nur das Vorhandensein oder das
Fehlen eines Impulses detektiert werden muß, können die Impulse auf
der Leitung in regelmäßigen Abständen regeneriert werden, so daß längs
der Strecke keine Verschlechterung des Signal-Rauschverhältnisses
eintritt. Im Gegensatz dazu ist bei anderen (analogen) Systemen mit
einer fortschreitenden Reduzierung des Signal-Rauschverhältnisses
mit zunehmender Entfernung zu rechnen. Eine wichtiges Anwendungsgebiet
der PCM-Technik liegt im Telefon-Fernverkehr (30 km oder mehr); allerdings sind Repeaterstationen (Regeneratoren) vorzusehen.

Jedoch sind die Hauptnachteile der PCM der hohe Bandbreitenbedarf
und die Komplexität. Die erhöhte Bandbreite ist damit begründet, daß
2nW Impulse pro Sekunde übertragen werden müssen, wobei n die Code-
wortlänge und W die höchste zu übertragene Frequenzkomponente ist.
Die Komplexität ergibt sich daraus, daß PCM die Regeneration und Ver-
schlüsselung schmaler Impulse verlangt. Außerdem ist ein genaues
Timing vonnöten, um digitale Fehler klein zu halten. Der Einsatz von
schnellen Schaltkreisen, wie z. B. Codierern, ist ein Problem, das

durch die Entwicklungen bei der Technik der integrierten Schaltungen
gelöst wird.

5.7 PCM-Rauschen   [22]

Die beiden bedeutsamen Rauschquellen sind bei der Übertragung und
beim Quantisieren entstehendes Rauschen. Übertragungsrauschen entsteht
überall entlang des Kanals, es ist das bekannte weiße Gaußrauschen
(thermisches Rauschen). Es verursacht Bitfehler in den übertragenen
PCM-Impulsen, indem eine Null in eine Eins geändert wird oder umgekehrt. Für unipolare PCM-Impulse, die zwischen dem Nullpegel und der
Amplitude A variieren, gleicht die Bitfehlerwahrscheinlichkeit derje-
nigen, die in einem digitalen Übertragungssystem mit Amplitudentastung
(ASK amplitude-shift-keying) auftritt.

Man kann zeigen, daß die Bitfehlerwahrscheinlichkeit P_e gegeben ist
durch

$$P_e = \frac{1}{2} \, \text{erfc}\left(\sqrt{\frac{C}{4N}}\right)$$

$$= \frac{1}{2} \, \text{erfc}\left(\frac{1}{2\sqrt{2}} \frac{A}{\sigma}\right)$$

wobei erfc das komplementäre Gaußsche Fehlerintegral (erfc(z) = 1-
erf(z)) und $C/N = A^2/(2\sigma^2)$ das Träger-Rauschleistungsverhältnis ist.
Darin stellt A die Impulsamplitude (Spitzenwert) und σ den Effektivwert der Rauschspannung dar. Tabelle 5.1 zeigt einige Werte von P_e und
die dazugehörigen A/σ Verhältnisse in dB.

Tabelle 5.1

P_e	(A/σ)dB
10^{-4}	17,4
10^{-6}	19,6
10^{-8}	21,0
10^{-10}	22,0

Für ein eingangsseitiges Signal-Rauschverhältnis von ca 21 db, das
als Fehlerschwelle bezeichnet wird, können die Übertragungsrausche-
fekte vernachlässigt werden. Arbeitet man oberhalb dieser Schwelle,
ist vorrangig das Qantisierungsrauschen zu betrachten. Es entstammt
der Unsicherheit bei der Übertragung eines speziellen Signalpegels,

die durch das Auf- oder Abrunden in der Quantisierungsstufe entsteht.
Eine Reduzierung ist nur durch mehr Quantisierungsstufen oder durch
nichtlineare Quantisierungskennlinien zu erreichen. Gegeben ist es
durch

$$(S_o/N_o) \simeq 2^{2n}$$

$$\simeq 2^{2(B_c/B)}$$

wobei der Exponent $n = B_C/B$ ist mit B_C als Kanalbandbreite und B als
Basisbandbreite. Einige typische Zahlenwerte sind für verschiedene
Anzahlen von Quantisierungsstufen $L = 2^n$ in Tabelle 5.2 gegeben.

Tabelle 5.2

L	(S_o/N_o)dB
32	32
64	38
128	44
256	50

Der vorherige Näherungsausdruck für das Signal-Rauschverhältnis am
Ausgang S_o/N_o zeigt, das es exponentiell mit der verwendeten Kanalbandbreite B_C steigt, weil der Exponent $n = B_C/B$ ist. Richtig ist
diese Aussage für S_o/N_o-Werte größer als ca. 10 dB.

Der gleiche exponentielle Zusammenhang gilt für das informationstheo-
retische Idealsystem nach Shannon; der Vergleich mit diesem idealen
System zeigt, daß die Leistungsanforderung der PCM bei vergleichbaren
Bedingungen (minimale Fehlerübertragung) um ca. 8 dB über der des
Idealsystems liegt. In Bild 5.11 ist dies dargestellt.

Beispiel 5.2

Diskutieren Sie die speziellen Vorzüge, die die Pulscodemodulation
gegenüber anderen Methoden hat, die in großen Übertragungssystemen
Verwendung finden. Gibt es größere Nachteile?

Leiten Sie eine Formel für die Kanalkapazität eines PCM-Systems ab,
in dem das Signal die Bandbreite f hat, M Quantisierungsstufen vorliegen und eine Codegruppe aus m Impulsen mit je 1 Stufen verwendet
wird.

Stellen Sie den Vergleich zwischen einem PCM-System und dem Idealsystem nach Shannon auf.

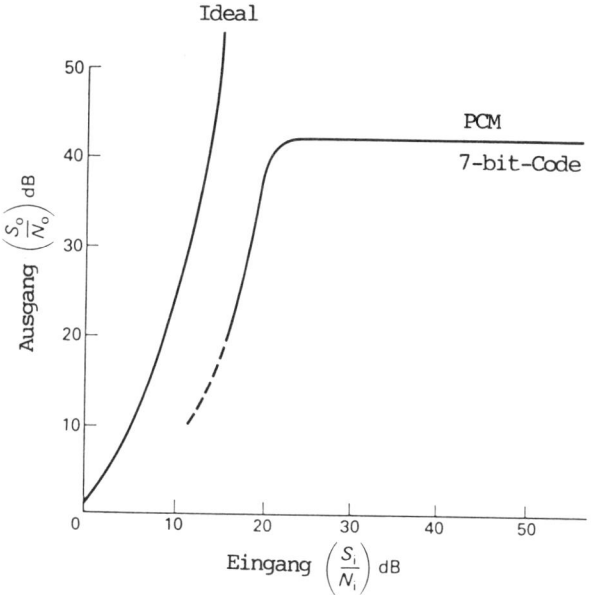

Bild 5.11 Signal-Rauschabstand bei PCM

Lösung

Die speziellen Vorteile von PCM gegenüber anderen Systemen sind:

1. Es hat bei gegebener Bandbreite den besten Signal-Rauschabstand.
2. Es ist für Weitverkehrskommunikation bestens geeignet, da wegen der Möglichkeit der Impulsregeneration keine S/N-Verschlechterung auftritt.
3. Es fügt sich in andere Digitalsysteme wie die Datenübertragung ein.

Die Hauptnachteile von PCM sind:

1. Man benötigt eine sehr große Bandbreite.
2. Es werden teure, hochentwickelte Komponenten benötigt, die, falls viele Zwischenverstärker zur Signalregeneration benötigt werden, noch entsprechend oft dupliziert werden müssen.
3. Es ist im allgemeinen unwirtschaftlich für kurze Distanzen, beispielsweise < 15 km. Diese Begrenzung wird jedoch durch hochintegrierte Schaltungen überwunden.

Die Nachrichtenkapazität eines Systems ist gegeben durch

$$C = 2W \log_2(1 + S/N)^{1/2} = 2W \log_2 n \quad bit/s$$

wobei W die Systembandbreite und n die Anzahl der unterscheidbaren
Spannungspegel ist.

Im Falle des PCM-Systems gilt W = f und 1^m = M, also ist

$$C = 2f \log_2 M = 2mf \log_2 1 \quad bit/s$$

Das PCM-System kommt dem Idealsystem nach Shannon am nächsten. Jedoch
liegt es immer noch ca 8 dB darunter. D. h., um die gleiche Fehlerrate
zu erzielen, müßte das PCM-System ca. die 6 fache Signalleistung auf-
wenden wie das Idealsystem, oder anders ausgedrückt: seine Effizienz
beträgt nur ca. 17 % im Vergleich zum Idealsystem.

5.8 Deltamodulation   [23]

Die Deltamodulation (DM) benutzt einen 1 bit Code, der Information
über die Ableitung der Signalamplitude anstatt über die aktuelle Amplitude selbst (wie bei PCM) übermittelt. Man erreicht dies durch
Integration des Modulatorausgangssignals und anschließende Differenz-
bildung mit dem Eingangssignal. Diese Differenz wird dem Modulator
zugeführt und ein Impuls gesendet, dessen Vorzeichen so festgelegt
wird, daß das Eingangssignal des Modulators so klein wie möglich wird.

Auf der Empfangsseite werden die gesendeten Impulse integriert und
dann tiefpaßgefiltert, um unerwünschte höherfrequente Komponenten zu
unterdrücken. Das Ausgangssignal besteht aus dem originalen Analogsignal zusammen mit zusätzlichem Rauschen ähnlich dem Quantisierungsrauschen. Bild 5.12 zeigt eine Blockschaltung.

Das analoge Einganssignal $S_i(t)$ und das integrierte Ausgangssignal
$S_o(t)$ werden verglichen, und das Differenzsignal $s(t) = S_i(t) - S_o(t)$
wird dem Modulatoreingang zugeführt. Gleichzeitig liegt am Modulator
die Taktimpulsfolge an, die ein Taktgenerator erzeugt. Ist s(t) positiv, wird ein positiver Impuls gesendet, im anderen Fall ein negativer
Impuls. Ist s(t) Null, werden alternierend positive und negative Impulse gesendet. Die Verhältnisse zeigt Bild 5.13 (a).

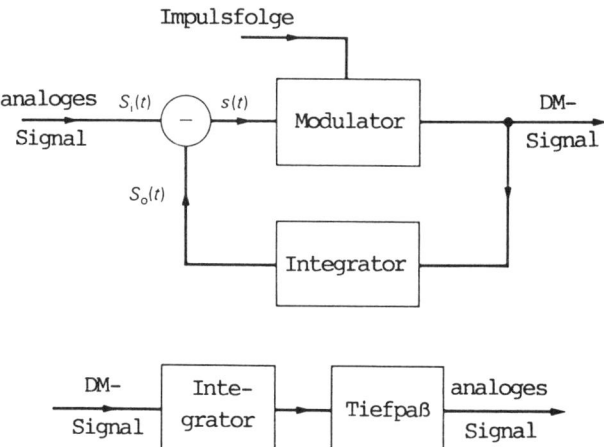

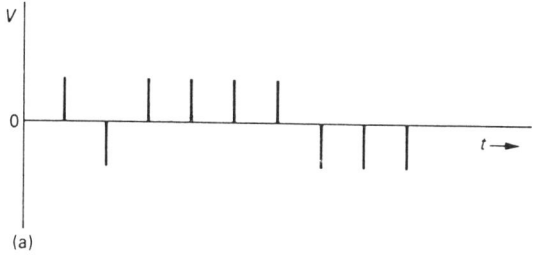

Bild 5.12   Deltamodulator und -demodulator

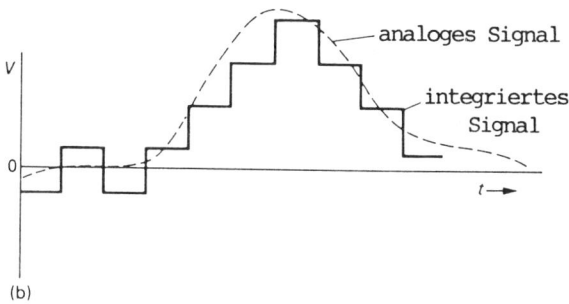

(a)

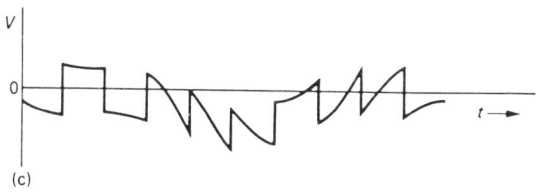

Bild 5.13   Signale bei der Deltamodulation

Der Empfänger besteht aus einem Integrator, gefolgt von einem Tiefpaßfilter. Das empfangene Signal entspricht nach der Integration einer
Treppenfunktion, die eng der analogen Signalform folgt, siehe Bild
5.13 (b). Die Differenz zwischen beiden ist das Quantisierungsrauschen, wie in Bild 5.13 (c) dargestellt.

Die Bedingung für eine einwandfreie Übertragung ist erreicht, wenn

$$\frac{d}{dt}(S_i(t)) \cdot T_s \leq \sigma$$

wobei $S_i(t)$ das Eingangssignal, T_s die Abtastperiode und σ die Stufenhöhe der Spannungsstufen darstellt. Für die sinusförmige Eingangsspannung der Frequenz f_m ergibt sich

$$S_i(t) = V_m \sin \omega_m t$$

und

$$\frac{d}{dt}(S_i(t)) = \omega_m V_m \cos \omega_m t$$

Also ist $\omega_m V_m \cos \omega_m t \cdot T_s \leq \sigma$

oder $\omega_m V_m \cdot T_s \leq \sigma$

bzw. $$\frac{V_m}{\sigma} \leq \frac{f_s}{2\pi f_m}$$

wobei $f_s = 1/T_s$ die Abtastfrequenz ist.

Da nun $2V_m/\sigma$ die Anzahl der Spannungsstufen von Spitze zu Spitze des
Analogsignals ist, gilt

$$\text{Stufenanzahl} \leq \frac{f_s}{\pi f_m}$$

Ist die höchste modulierende Frequenz W, so ist $f_s \geq \pi W$, da die minimale Stufenzahl mindestens Eins betragen muß. Dieses Resultat ist also
höher als der Wert 2W, der sich aus dem Abtasttheorem für PCM ergibt.

Die Hauptanwendung erfährt die DM in der Sprachsignalübertragung. Um
Verzerrung wegen Überschreitung der Anstiegsgeschwindigkeit (overload
slope distortion) zu vermeiden und um das Quantisierungsrauschen zu
reduzieren, muß die Abtastfrequenz hoch sein. Man kann zeigen, daß
das ausgangsseitige Signal-Quantisierungsrauschverhältnis bei DM mit
Einfachintegration, betrachtet bei sinusförmiger Eintonmodulation,
gegeben ist durch

$$\left(\frac{S}{N_q}\right)_o \simeq \frac{0,02 \, f_s^3}{B \, f^2}$$

wobei f_s die Abtastfrequenz, B die Basisbandbreite und f die Eingangsfrequenz ist. Das Verhältnis ist also klein bei den höheren Frequenzen, es sei denn, f_s ist groß. Es kann gezeigt werden, daß DM bei
einer Bitrate von 40 kbit/s die gleiche Betriebsgüte erreicht wie
ein PCM-System mit 5-bit-Codierung.

Eine Variante der DM, mit der man eine bessere Übertragungsgüte erzielt, ist die adaptive Deltamodulation (ADM) [24]. Diese benutzt eine
variable Stufenhöhe, die bei sich langsam ändernder Signalform klein
ist und einen größeren Wert annimmt, wenn sich die Signalform stark
ändert. Mit dieser adaptiven Technik erzielt man geringeres Quantisierungsrauschen und geringere Steigungsüberlastung. Eine zufriedenstel-
lende Telefonübertragungsqualität ergibt sich hier bereits bei 32
kbit/s statt der bei PCM üblichen 64 kbit/s.

Beispiel 5.3

Diskutieren Sie den Unterschied zwischen Deltamodulation und Pulscodemodulation und vergleichen Sie Vor- und Nachteile der beiden Systeme.

Erklären sie die beiden Begriffe Quantisierung und Quantisierungsrauschen und erläutern Sie jeweils mit einem Diagramm den Sachverhalt.
Zeichnen Sie die Blockschaltung eines Deltamodulators.

Lösung

Die Hauptunterschiede zwischen Deltamodulation und Pulscodemodulation
sind:
1. Deltamodulation überträgt Information über die Differenz zwischen
    aufeinanderfolgenden abgetasteten Signalpegeln, während Pulscode-
    modulation Information über den aktuellen abgetasteten Signalwert
    übermittelt.
2. Deltamodulation benutzt einen 1-bit-Code für Sprachsignale,
    während PCM normalerweise einen 7-bit-Code hierfür verwendet.

Vorteile
1. Deltamodulation ist viel einfacher als PCM; dies betrifft sende-
    seitige und empfangsseitige Ausrüstung.

2.   Deltamodulation ist bezüglich der Übertragungsgüte gleichwertig.

Nachteile
1.   Deltamodulation benötigt im allgemeinen bei vergleichbarer Qua-
      lität mehr Bandbreite als PCM.
2.   Deltamodulation eignet sich nicht so gut für Videosignale, da
      ein Gleichstrompegel nicht direkt übertragbar ist.
3.   Das Signal-Rauschverhältnis ist bei DM frequenzabhängig; für
      zunehmende Frequenz wird es schlechter.

Quantisierung
Bevor ein Signal übertragen wird, unterteilt man es in einen Satz
diskreter Pegel, z. B. mit der Anzahl 128 wie bei einem 7-bit-Code.
Dieser Prozeß wird Quantisierung genannt, und die abgetasteten Impulse können nur Werte, die diesen Pegeln entsprechen, annehmen und
keine Zwischenwerte. Dies läuft darauf hinaus, das kontinuierliche
Signal durch eine Treppenfunktion zu approximieren, wie in dem Bild
5.13 (b) dargestellt.

Quantisierungsrauschen
Die Pegeldifferenz zwischen dem aktuellen Signal und dem treppenför-
migen bzw. quantisierten Signal entspricht einer Unsicherheit, die
den gleichen Effekt wie Rauschen hat; man nennt dies Quantisierungsrauschen. Es kann nur reduziert werden, indem man die Anzahl der
Quantisierungsstufen erhöht, da dies das Intervall zwischen benachbarten Pegeln verkleinert. Bild 5.13 (c) zeigt den Sachverhalt.

Deltamodulator
Ein Blockschaltbild eines Deltamodulators Zeigt Bild 5.13.(c).

5.9 Delta-Sigma-Modulation   [25]

Die Hauptnachteile der Deltamodulation sind die Unfähigkeit, Gleichstromsignale zu übertragen, und die Abhängigkeit des Signal-Rauschverhältnisses von der Frequenz. Die Delta-Sigma-Modulation (DSM) vermeidet diese Nachteile. Hierbei wird ein Integrator am Modulatoreingang
eingesetzt. Die gesendeten Impulse übertragen damit Information über

die aktuelle Signalamplitude selbst und nicht nur über die Differenz benachbarter Stufen wie bei DM. Da das Signal bereits sendeseitig integriert wird, entfällt der Integrator auf der Empfangsseite; man benötigt nur ein Tiefpaßfilter. Die Blockschaltungen sind in Bild 5.14 dargestellt.

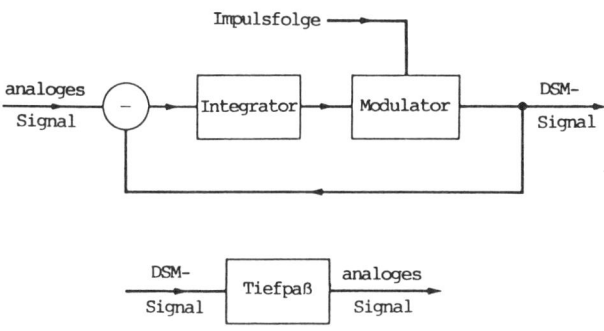

Bild 5.14   Delta-Sigma-Modulation, Modulator und Demodulator

Eine weitergehende Analyse der DSM ergibt, daß neben der Fähigkeit, Gleichstromsignale zu übertragen, was bei Videosystemen von Bedeutung ist, auch das Signal-Rauschverhältnis unabhängig von der modulierenden Signalfrequenz ist und daher keine Beziehung zwischen Dynamikbereich und Eingangssignal besteht. Da empfängerseitig kein Integrator eingesetzt wird, summieren sich weiterhin keine Fehler aufgrund von Rauschstörungen auf der Übertragungsstrecke, wie bei Deltamodulation.

5.10   Differenz-Pulscodemodulation   [26,27]

Anders als bei der Deltamodulation, die die Impulsdifferenzen mit einem 1-bit-Code überträgt, werden bei der Differenz-Pulscodemodulation (DPCM) die Impulsdifferenzen in einem normalen PCM-Code dargestellt. Diese Technik kann sowohl für Sprach- als auch für Videosignale angewendet werden und ist weit verbreitet beim Farbfernsehen. Bei Videosignalen mit Rundfunkqualität ist bei digitaler Codierung mit PCM eine sehr hohe Bitrate erforderlich. Beispielsweise wird die Bitrate bei einem PAL-Signal (625 Zeilen) mit 8-bit-Codewort pro Abtastwert rund 100 bis 120 Mbit/s. Um die Kosten zu senken, ist es erforderlich, die Bitrate zu reduzieren, ohne bei der Bildqualität Abstriche zu machen.

Bei Videosignalen gibt es eine ziemlich hohe Korrelation zwischen Abtastwerten, die zu dichtbenachbarten Bildpunkten gehören. DPCM nutzt diese Redundanz, indem nur die Differenz zwischen dem aktuellen Abtastwert des Videosignals und einem Vorhersagewert, der aus den vorherigen Abtastwerten gewonnen wird (Prädiktion), übertragen wird. Bei dem Schwarzweißfernsehen kann beispielsweise der vorher übertragene Abtastwert als Vorhersagewert für den folgenden Abtastwert dienen. Sorgt man dafür, daß Coder und Decoder beide den gleichen Prädiktionsalgorithmus verwenden, kann der originale Abtastwert auf der Empfangsseite zurückgewonnen werden, indem man die übertragene Differenz und den vorhergesagten Abtastwert addiert.

Jedoch führt jede Reduktion der Bitrate durch Prädiktion mittels vorher übertragener Abtastwerte zu größeren Quantisierungsfehlern bei Signalanteilen mit hoher Amplitude und mit hoher Frequenz. Eine Methode, um PAL-Farbsignale genau zu codieren, besteht darin, als Abtastfrequenz die dreifache Farbhilfsträgerfrequenz (4,43 MHz) zu verwenden; man erfaßt damit die Differenzen zwischen jedem dritten Abtastwert. Der Farbhilfsträger selbst hat praktisch keinen Einfluß auf die Größe des Differenzsignals; die Farbinformation wird damit genau übertragen.

Resultate von subjektiven Tests zur Beeinträchtigung von PAL-Signalen mit 625 Zeilen durch DPCM-Übertragung zeigen, daß bei einer vorgegebenen Bildqualität ein DPCM-System mit Prädiktion durch den drittletzten Abtastwert bei einer Abtastfrequenz von 13,3 MHz mit etwa zwei bit weniger pro Abtastwert auskommt als ein PCM-System. Eine Blockschaltung eines solchen Übertragungssystem zeigt Bild 5.15.

5.11 Digitale Modulation

Digitale Daten bestehen aus den beiden Binärziffern 1 und 0; sie können übertragen werden, indem sie die Amplitude, Frequenz oder Phase eines sinusförmigen Trägersignals beeinflussen. Die drei Methoden sind als Amplitudenumtastung (amplitude-shift-keying ASK), Frequenz-

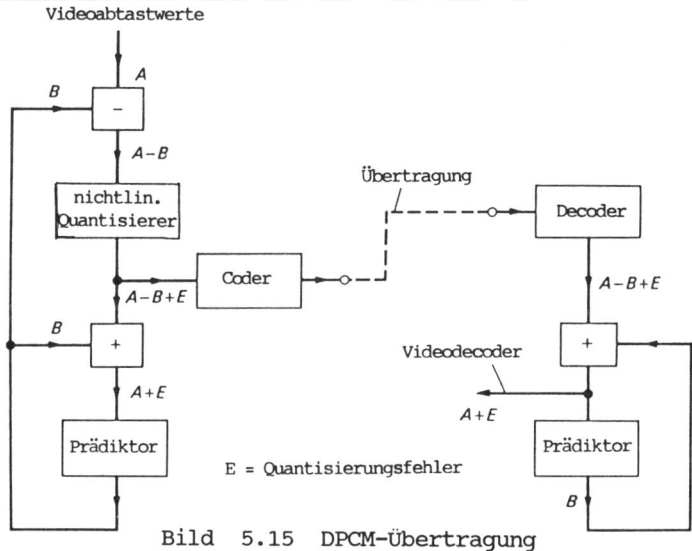

Bild 5.15 DPCM-Übertragung

umtastung (frequency-shift-keying FSK) und Phasenumtastung (phase-shift-keying PSK) bekannt.

Für jedes gesendete Symbol muß wegen des vorhandenen Gaußrauschens im Empfänger eine Entscheidung getroffen werden, welches der zwei Symbole gesendet worden ist. Die Wahrscheinlichkeit, daß ein Fehler auftritt, ist ein brauchbares Kriterium, um die verschiedenen digitalen Modulationssysteme zu vergleichen. In einem anderen Band dieser Serie[*] wird gezeigt, daß die Wahrscheinlichkeit für das Auftreten eines Fehlers oder die Bitfehlerrate gegeben ist durch

$$P_e = \frac{1}{2} \, \text{erfc}\left(\frac{E(1 - \rho)}{2N_o}\right)^{1/2}$$

wobei mit erfc das komplementäre Fehlerintegral (error function) bezeichnet wird; E ist die pro Bit übertragene Energie, ρ ist der Korrelationskoeffizient und N_o ist die Rauschleistungsdichte.

Amplitudenumtastung (ASK)

Eine Trägerschwingung wird durch die Binärsignale ein- und ausgeschaltet. Bei der "1" (mark) wird ein Träger übertragen und bei der "0" (space) unterdrückt. Dies Verfahren wird im Englischen deshalb auch

---

[*] Siehe F. R. Connor: Rauschen (Anhang L), Vieweg 1986

als on-off-keying bezeichnet. Ursprünglich fand es bei mehrkanaligen
Telegrafensystemen Verwendung. Die übertragenen Signalformen sind

$$s_1(t) = A \sin \omega t \quad \text{(für Symbol 1)}$$

$$s_o(t) = O \quad \text{(für Symbol O)}$$

Zwischen beiden Signalen gibt es keine Korrelation, d. h. $\rho = 0$, da
die Energie des einen Binärzeichens Null ist. Folglich ergibt sich

$$P_e = \frac{1}{2} \text{erfc}(E/(4N_o))^{1/2}$$

falls Frequenz und Phasenlage des gesendeten Trägersignals am Empfänger bekannt sind (kohärente ASK).

Um die binäre Modulation wiederzugewinnen, kann entweder Synchrondemodulation oder nichtkohärente Hüllkurvendemodulation angewendet werden. Die Synchrondemodulation führt zu weniger Fehlern als die Hüllkurvendemodulation, jedoch wird auf der Empfangsseite ein phasenko-
härenter Lokaloszillator benötigt.

Frequenzumtastung (FSK)

Bei diesem Verfahren werden zwei Trägerfrequenzen benutzt, die durch
die Binärsignale wechselseitig eingeschaltet werden. Eine "1" bewirkt,
daß der eine Träger eingeschaltet und der andere ausgeschaltet wird,
eine "0" bewirkt das umgekehrte. Dies läuft also auf eine Form der
ASK mit zwei unterschiedlichen Trägern hinaus.

Sind die beiden unterschiedlichen Frequenzen f_1 und f_0, gilt
$$s_1(t) = A \sin \omega_1 t \quad \text{(für Symbol 1)}$$

$$s_o(t) = A \sin \omega_o t \quad \text{(für Symbol O)}$$
Die Demodulation kann mit zwei signalangepaßten (matched) Filtern
erfolgen [28]. Für Frequenzen, die einen optimalen Abstand haben,
sind die zwei Signale orthogonal, d. h. $\rho = 0$, und es wird

$$P_e = \frac{1}{2} \text{erfc}(E/(2N_o))^{1/2}$$

ein Resultat kleiner als bei ASK, falls Frequenz und Phase beider
Träger am Empfänger bekannt sind. Der Hauptnachteil von ASK gegenüber
FSK ist die Tatsache, daß eine automatische Verstärkungsregelung be-
nötigt wird, um Fadingeffekte am Empfänger ausgleichen zu können.

Jedoch wird die geringere Fehlerwahrscheinlichkeit aufgrund des Rauschens bei FSK durch eine größere Bandbreite bezahlt.

Mit Synchron- oder Hüllkurvendetektoren kann demoduliert werden. Im letzteren Fall werden zwei Bandpaßfilter oder signalangepaßte Filter eingesetzt, die auf die beiden verschiedenen Frequenzen abgestimmt sind. Dies ist dann die nichtkohärente FSK; eine gewisse Reduzierung der Übertragungsgüte ist zu verzeichnen, und die Fehlerwahrscheinlichkeit ist gegeben durch

$$P_e = \frac{1}{2} e^{-E/(2N_o)}$$

Phasenumtastung (PSK)

Mit den Binärsignalen wird die Phasenlage einer Trägerschwingung zwischen zwei Werten, üblicherweise 0° und 180°, umgeschaltet. Für eine "1" hat der Träger eine bestimmte Phasenlage, die für die "0" um 180° gedreht wird. Im Englischen wird das Verfahren manchmal phase-reversal-keying (PRK) genannt.

Die übertragenen Schwingungsformen sind

$$s_1(t) = A \sin \omega t \qquad \text{(für Symbol 1)}$$

$$s_o(t) = -A \sin \omega t \qquad \text{(für Symbol 0)}$$

und beide Signale sind gleich bis auf die entgegengesetzte Phasenlage. Folglich ist $\rho = -1$ und man erhält

$$P_e = \frac{1}{2} \text{erfc}(E/N_o)^{1/2}$$

Dies ist der minimal erreichbare Wert für P_e bei gegebenem E/N_o, wenn Frequenz und Phase am Empfänger bekannt sind. Folglich ist dieses kohärente PSK-System das optimale digitale Modulationssystem.

Um die Binärsignale zu demodulieren, muß kohärente Demodulation eingesetzt werden, damit die Phase des empfangenen Signals detektiert werden kann. Erforderlich ist also als Phasenreferenz ein kohärenter Lokaloszillator im Empfänger; in der Praxis können Synchronisationsschwierigkeiten auftreten. Eine abgewandelte Form der PSK, die die Phaseninformation des zuletzt übertragenen Bits als Referenz verwendet, überwindet diese Schwierigkeiten und wird als Phasendifferenz-

codierung (Differential phase-shift-keying DPSK) bezeichnet. Man kann
zeigen, daß die Fehlerwahrscheinlichkeit gegeben ist durch

$$P_e = \frac{1}{2} e^{-E/N_o}$$

Sie ist um ca. 2 dB schlechter als bei optimaler PSK. Da das Referenz-
bit durch Rauschen verfälscht sein kann, tendieren die digitalen Fehler dazu, paarweise aufzutreten; ein geeigneter fehlerkorrigierender
Code muß eingesetzt werden.

Um Leistung oder Bandbreite einzusparen, können Signalformen mit mehreren Amplitudenwerten, Frequenzen oder Phasenzuständen angewendet
werden. Hiervon wird oft die Vierphasenumtastung (quadrature phase-
shift-keying QPSK, 4-PSK) eingesetzt; benutzt werden die vier Phasen-
werte 45°, 135°, 225° und 315°. Die Übertragungsqualität ist mit der
von PSK bei großen E/N_o-Werten vergleichbar, erforderlich ist aber
nur die Hälfte der Bandbreite eines PSK-Systems. Typische Signalformen
für ASK, FSK und PSK sind in Bild 5.16 dargestellt, die dazugehörigen
Modulatoren zeigt Bild 5.17 als Blockschaltung.

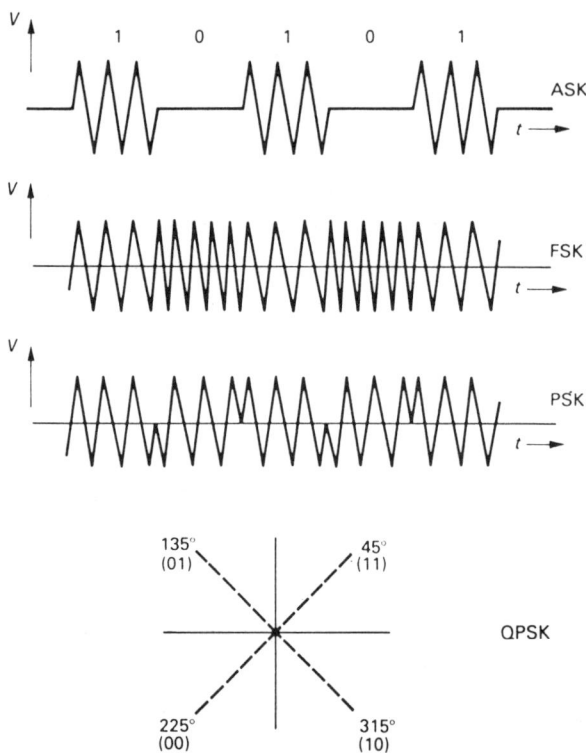

Bild 5.16 Signalformen bei digitaler Modulation

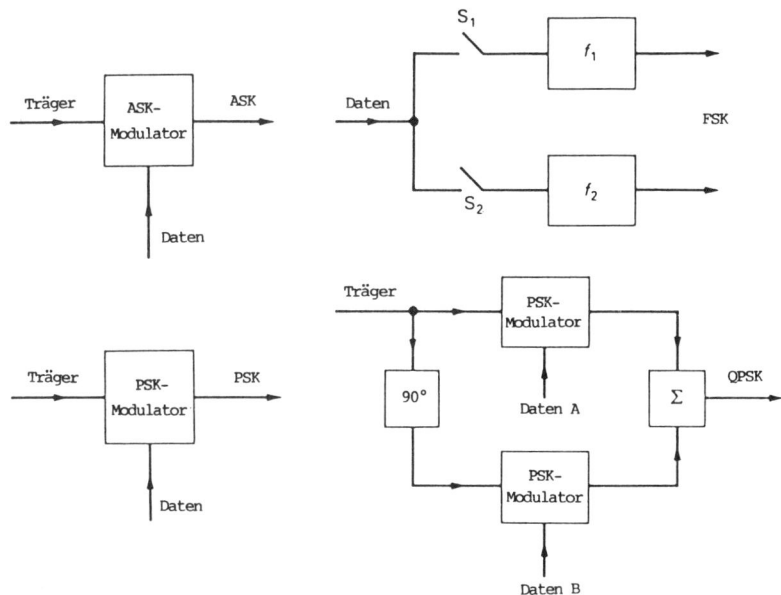

Bild 5.17 Digitale Modulatoren

Bitfehlerrate (bit error rate BER)

Es ist gezeigt worden, daß die Fehlerwahrscheinlichkeit P_e oder Bitfehlerrate (BER), verursacht durch Gaußrauschen, wesentlich vom Verhältnis E/N_0 abhängt. Die Bitfehlerrate ist in digitalen Datensystemen
von höchster Wichtigkeit; ein typischer Zahlenwert ist 10^{-5} oder kleiner.

Um die Fehler in einem Bitstrom klein zu halten, bedient man sich
der Methode, zusätzliche Prüfbits mitzuübertragen. Dies hebt die Bitrate an und reduziert so das Verhältnis E/N_0 bei gegebener Sendeleistung. Es würde sich also eigentlich die Bitfehlerrate erhöhen, wenn
nicht durch die Prüfbits die zusätzlichen Fehler korrigiert werden
könnten. Folglich ergibt sich eine Gesamtreduktion der Bitfehlerrate,
beispielsweise von 10^{-5} auf 10^{-7} in einem typischen Fall.

Eine Übersicht über die verschiedenen BER-Werte gibt die Tabelle 5.3;
typische Kurven für den Zusammenhang zwischen BER und E/N_0 in dB sind
im Bild 5.18 dargestellt.

Tabelle 5.3

System	Typ	BER
ASK	Kohärent	$1/2 \; \mathrm{erfc} \; (E/(4N_o))^{1/2}$
FSK	Kohärent	$1/2 \; \mathrm{erfc} \; (E/(2N_o))^{1/2}$
PSK	Kohärent	$1/2 \; \mathrm{erfc} \; (E/N_o)^{1/2}$
DPSK	Kohärent	$1/2 \; e^{-E/N_o}$
QPSK	Kohärent	$\simeq 1/2 \; \mathrm{erfc} \; (E/N_o)^{1/2}$
ASK	Nichtkohärent	$\simeq 1/2 \; e^{-E/(4N_o)}$
FSK	Nichtkohärent	$1/2 \; e^{-E/(2N_o)}$

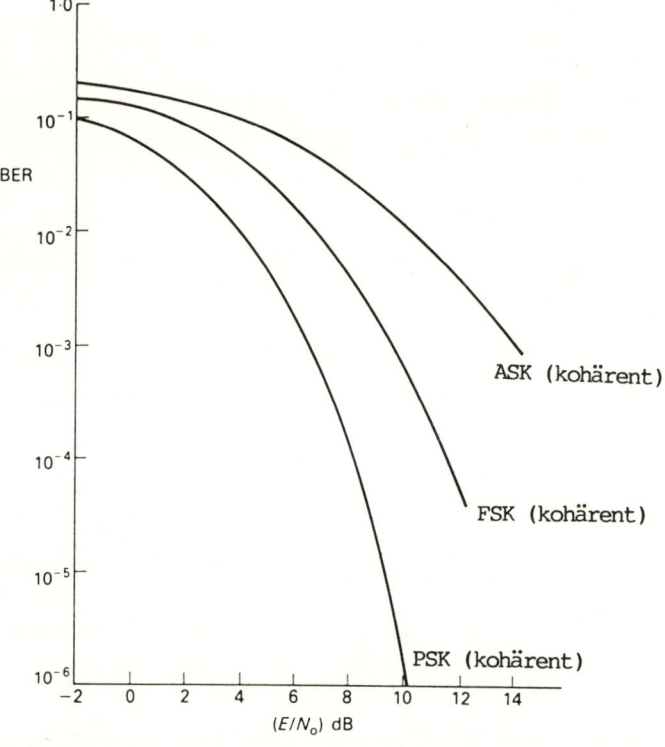

Bild 5.18 Vergleich verschiedener digitaler Systeme

5.12 Spread-spectrum-Modulation   [29,30]

In einem spread-spectrum-System (Bandspreizsystem) ist das gesendete
Signal über ein breites Frequenzband gespreizt; die Bandbreite ist
weitaus höher als die zur Übermittlung der Basisbandinformation erforderliche Mindestbandbreite. Das Basisbandsignal von einigen Kilo-
baud*, beispielsweise 4800 bit/s, wird z. B. auf eine Bandbreite von
einigen MHz gespreizt. Dies erreicht man durch ein breitbandiges Codesignal, das durch die zu übertragende Information moduliert wird.

Um Binärinformation zu übertragen, verwendet man als Codesignal eine
digitale Codesequenz, deren Bitrate wesentlich höher als die der Binärinformation ist. Üblicherweise wird eine Pseudo-Zufallsfolge (pseu-
do-noise code, PN code) benutzt, die mittels Modulo-2-Addition durch
die Binärinformation moduliert wird, siehe Bild 5.20. Die so modulierte PN-Sequenz wird dann einer Trägerschwingung aufmoduliert, beispielsweise durch PSK oder QPSK.

Das Leistungsspektrum einer binären Zufallsfolge mit der Bitdauer T_0
ist in Anhang E abgeleitet. Da eine endliche PN-Codesequenz sich re-
gelmäßig wiederholt, schon wegen der praktischen Realisierung des
Codegenerators, ergibt sich ein Linienspektrum, das aber die gleiche
Einhüllende hat, siehe Bild 5.19. Ist die Taktrate der PN-Codesequenz
1 MHz, dann ist die Bandbreite des Hauptanteils (zwischen den ersten
Nullstellen) 2 MHz und die der Nebenanteile jeweils 1 MHz.

Die Hauptanwendung der spread-spectrum-Modulation liegt im Gebiet
der Satellitenkommunikation. Da das Bereitstellen von hoher Sendeleistung im Satelliten sehr teuer ist, muß sie sehr effektiv genutzt
werden. Deswegen wird weitgehend digitalisierte Information in Verbin-
dung mit Varianten der PSK benutzt, speziell auch im militärischen
Sektor. Indem man weiterhin entsprechend Shannon's Gesetz Bandbreite
gegen Signal-Rauschverhältnis eintauscht, erreicht man die erforderliche Nachrichtenkapazität auch bei verringerter Sendeleistung.

---

*Baud ist die Einheit der Schrittgeschwindigkeit (bit/s). Siehe
F. R. Connor: Signale, Vieweg 1986

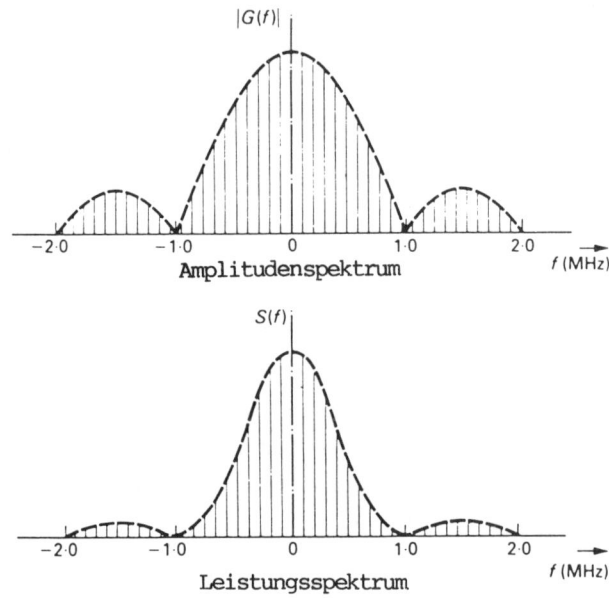

Bild 5.19   Spektren einer PN-Sequenz

Man verwendet beispielsweise in militärischen Anwendungen die Balance-
modulation (2-PSK), bei der der Träger unterdrückt und daher die Ent-
deckung eines gesendeten Signals schwierig ist. Dabei steht die vor-
handene Sendeleistung voll zur Übertragung der codierten Nachricht zur
Verfügung. Auf der Empfangsseite wird das Signal mit dem exakten Du-
plikat der im Sender benutzten PN-Codesequenz korreliert. Dadurch
werden die auf der Sendeseite durch den PN-Code verursachten Phasensprünge (180° bei 2-PSK) empfangsseitig auf 360° verdoppelt, also
aufgehoben. Die Phasensprünge aufgrund der aufmodulierten Binärinformation bleiben übrig und können durch den PSK-Demodulator detektiert
werden. Die Rückgewinnung des Signals erfordert also einen Korrelationsempfänger; eine vereinfachte Blockschaltung findet man in Bild
5.20.

Zur Codierung der Information wird häufig eine Pseudozufallsfolge
mit maximaler Länge (m-Sequenz) verwendet, die sich mit einem n-stu-
figen, rückgekoppelten Schieberegister erzeugen läßt. Das Ausgangs-
codewort des Schieberegistergenerators hat die Länge $2^n - 1$ und wiederholt sich dann. Das Schieberegister wird beispielsweise mit einer
Taktrate von 1Mbit/s getaktet. Das Ausgangssignal des Registers wird

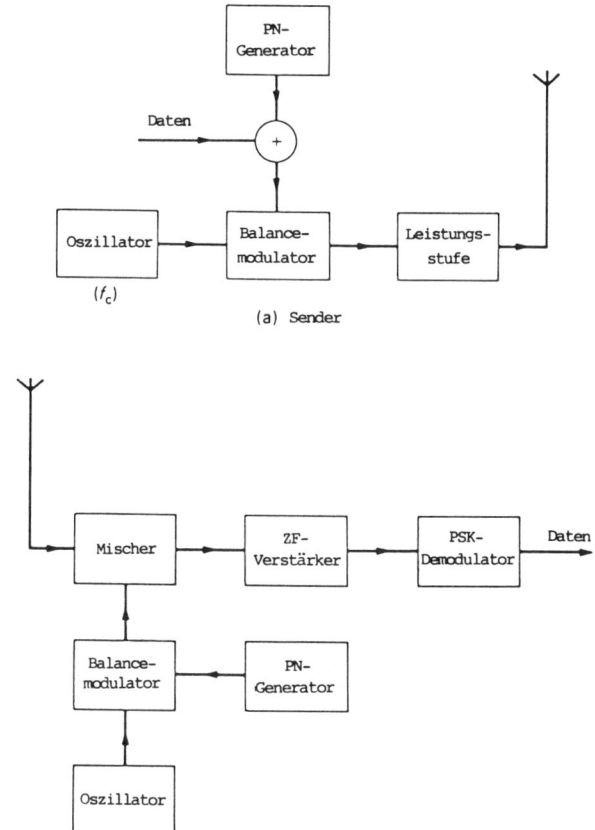

(a) Sender

(b) Empfänger

Bild 5.20 Spread-spectrum-Übertragungssystem

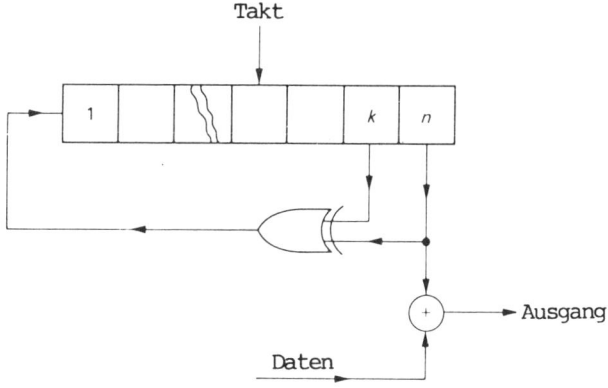

Bild 5.21 Schieberegistergenerator

durch eine Modulo-2-Addition mittels entsprechender logischer Gatter
mit dem Datensignal verknüpft, siehe Bild 5.21.

Es ist möglich, verschiedene solcher Codesequenzen zu verwenden und
damit einen mehrkanaligen Betrieb durchzuführen. Hierfür sind am besten solche Codes brauchbar, die an den jeweiligen Empfängern zu mini-
malem Übersprechen aufgrund der Kreuzkorrelation führen.

Die hier beschriebene spread-spectrum-Technik wird auch mit direct-
sequence-Modulation (DS) bezeichnet. Eine andere Methode ist das Fre-
quenzsprungverfahren (frequency-hopping FH). Hierbei wird das breite,
zur Verfügung stehende Frequenzband in viele Unterkanäle geteilt.
Die Übertragung der Nutzinformation geschieht nacheinander in den
verschiedenen Unterkanälen; die Auswahl der Kanäle erfolgt nach einer
dem Sender und dem Empfänger bekannten Pseudozufallsfolge. Die Träger-
position springt also in den breiten Frequenzband hin und her. Diese
Methode findet hauptsächlich im militärischen Bereich Anwendung, um
Sicherheit und Störfestigkeit gegen gewollte Störer (anti-jamming)
zu erzielen.

Beispiel 5.4

Shannon's Theorem gibt die maximale Kanalkapazität eines durch Rauschen gestörten Nachrichtenkanals an. Erklären Sie, wie die Kapazität
von der Kanalbandbreite und vom Signal-Rauschverhältnis abhängt.

Ein spread-spectrum-System benutzt niedrige Signalleistung und sehr
hohe Bandbreite. Erläutern Sie die Konsequenzen des Shannon'schen
Theorems in diesem Falle und deuten Sie an, wie ein solches System
implementiert werden kann.

Lösung

Die Nachrichtenkapazität eines Kanals ist definiert als der maximale
Informationsfluß, der korrekt übertragen werden kann. Shannon hat in
seinem berühmten Theorem nachgewiesen, daß, wenn S die mittlere Signalleistung und das Kanalrauschen weißes Gaußrauschen der mittleren

Leistung N in einer Bandbreite W ist, es durch entsprechende Codierung immer gelingt, Binärinformationen mit einer beliebig kleinen Fehler- rate zu übertragen. Die Informationsrate ist gegeben durch

$$C = W \log_2(1 + S/N) \quad \text{bit/s}$$

Dies wichtige Ergebnis für ein Idealsystem sagt aus, daß der Wert C nur gesteigert werden kann, indem man W oder S/N erhöht. Eine Erhöhung von S/N bedeutet eine Steigerung der Sendeleistung; dies läuft im wesentlichen auf eine Austauschbarkeit von Leistung und Bandbreite hinaus, um eine bestimmte Kanalkapazität zu erhalten.

Jedoch ist diese Austauschbarkeit nicht so einfach wegen der vorhan- denen logarihmischen Beziehung, und sie ist auch ungünstig, sowohl im Idealsystem als auch in den meisten praktischen Systemen. Beispiels- weise würde eine Bandbreitenreduktion um den Faktor Fünf im Idealfall eine Erhöhung der Sendeleistung um etwa das Vierundsechzigfache erfor- dern. Eine solche Leistungssteigerung wäre in vielen praktischen Sy- stemen untragbar. Auf jeden Fall ist die Bedeutung dieser Ersetzbar- keit in Breitbandsystemen wie FM und PCM bekannt; hier kann eine be- trächtliche Verbesserung im Signal-Rauschverhalten auf Kosten einer weiteren Bandbreite erzielt werden, obwohl diese Systeme immer noch weit hinter dem Idealsystem zurückbleiben.

In einem spread-spectrum-Übertragungssystem kann man mit einem nie- drigen S/N-Verhältnis und bei einer sehr hohen Bandbreite arbeiten. Als Grundlage dient die Beziehung für die Kanalkapazität.

$$C = W \log_2(1 + S/N)$$

$$C/W = 1/\ln2 \cdot \ln(1 + S/N)$$

$$\simeq 1,44 S/N$$

$$W \simeq \frac{CN}{1,44 S}$$

Wird eine Datenrate von C = 3 kbit/s und ein S/N-Wert von 0,01 ange- nommen, so erhält man

$$W \simeq \frac{3 \cdot 10^3 \cdot 100}{1,44} \simeq 0,2 \quad \text{MHz}$$

Es ist also bei dem sehr niedrigen Störabstand von - 20 dB eine Nach- richtenübertragung möglich, indem man die Signalleistung auf die sehr hohe Bandbreite von ca. 0,2 MHz spreizt. Hierbei wird also die be- trächtliche Verringerung des S/N-Verhältnisses durch die Verwendung einer erheblich höheren Bandbreite als die der Originalnachricht er-

reicht; als Konsequenz ergibt sich noch eine Einsparung an Sendeleistung.

Eine praktische Anwendung dieser Technik liegt bei der Datenübertragung von einem Nachrichtensatelliten aus vor. Da Sendeleistung im
Satelliten kostspielig ist, muß sie wirtschaftlich eingesetzt werden,
um optimale Betriebseigenschaften zu erhalten. Ein Systembeispiel
war im Kapitel 5.12 gegeben worden, ein Blockdiagramm zeigt Bild 5.20.

6 Demodulation

Man nennt den Vorgang, aus dem modulierten Signal die Information zurückzugewinnen, Demodulation oder Detektion. Da die modulierten Signale vom analogen oder digitalem Typ sind, sind auch die gebräuchlichen Demodulationsverfahren unterschiedlich. Außerdem sind zur Demodulation von AM- und FM-Signalen wegen der unterschiedlichen Eigenschaften unterschiedliche Verfahren erforderlich. Generell ist sowohl bei AM- als auch bei FM-Empfängern eine lineare Demodulation Grundvorraussetzung, um Signalverzerrungen möglichst klein zu halten. Eine kurze Beschreibung von AM- und FM-Empfängern gibt Anhang F.

6.1 AM-Detektoren   [31,32]

Die Demodulation von AM-Signalen erfordert einen nichtlinearen oder linearen Detektor. Ein typischer nichtlinearer Detektor ist der mit quadratischer Kennlinie (square-law), während die beiden Hauptvertreter der linearen Detektoren der nichtkohärente oder Hüllkurvendetektor und der kohärente oder Synchrondetektor sind.

Wegen seiner Einfachheit ist der Hüllkurvendetektor der bei AM-Signalen am meisten eingesetzte Demodulator. Dies trifft gleichermaßen auf Sprach-, Musik- oder Videosignale zu, wobei nur bei letzteren Restseitenbandmodulation Verwendung findet.

Kohärente oder synchrone Detektoren können ebenfalls bei AM-Signalen eingesetzt werden, gebräuchlicher sind sie aber bei DSBSC- oder SSBSC-Signalen. Der Synchrondetektor ist weitaus kritischer in seiner Funktion als der Hüllkurvendetektor, denn man benötigt für seinen optimalen Betrieb eine exakte Trägersynchronisation.

Quadratischer Detektor

Eine Halbleiterdiode in Serie mit einem Lastwiderstand, wie in Bild 6.1(a) dargestellt, hat in Durchlaßrichtung eine nichtlineare Ein-

gangs-Ausgangs-Kennlinie. Bild 6.1(b) zeigt den Zusammenhang, und es
gilt die Gleichung

$$i = av + bv^2$$

wobei i der Ausgangsstrom, v die Eingangsspannung und a und b beliebige Konstanten sind.

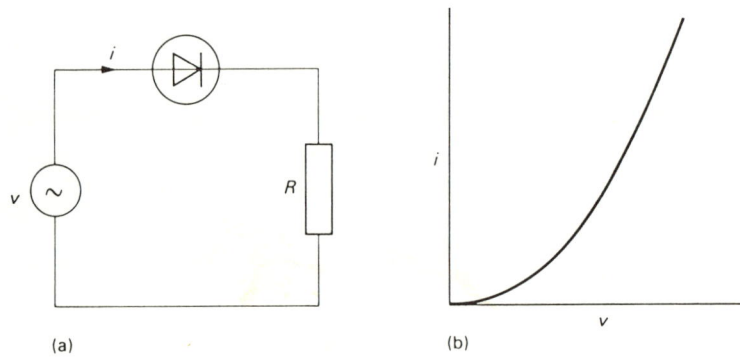

Bild 6.1 Quadratischer Detektor

Diese Anordnung kann benutzt werden, um schwache Signale zu detektie-
ren, wie beispielsweise in der Radartechnik oder bei AM-Signalen. Im
letzteren Fall ist die Eingangsspannung bei Eintonmodulation gegeben
durch

$$v = V_c(1 + m\sin \omega_m t) \sin \omega_c t$$

wobei V_c die Trägeramplitude, m die Modulationstiefe, ω_m die modulierende Kreisfrequenz und ω_c die Trägerkreisfrequenz sind. Setzt man v
in die vorherige Gleichung ein, erhält man

$$i = aV_c(1 + m \sin \omega_m t) \sin \omega_c t + bV_c^2(1 + m \sin \omega_m t) \sin^2 \omega_c t$$

Der Ausgangsstrom mit der Grundfrequenz des modulierenden Signals
ergibt sich aus dem zweiten Term zu

$$i_1 = mbV_c^2\sin \omega_m t$$

während der Term mit der zweiten Harmonischen die Amplitude hat

$$i_2 = \frac{m^2 bV_c^2}{4}\cos 2\omega_m t$$

Hieraus folgt das Verhältnis der Amplituden

$$\frac{\text{Zweite Harmonische}}{\text{Grundschwingung}} = \frac{m^2 b v_c^2/4}{m b v_c^2} = \frac{m}{4}$$

Folglich muß die Modulationstiefe klein sein, damit die nichtlinearen Verzerrungen klein bleiben.

Eine wichtige Anwendung findet dieser Detektor in Radarsystemen, bei denen die Kurvenformverzerrungen keine Rolle spielen. Vielmehr liegt das Hauptinteresse darin, ein schwaches Impulssignal überhaupt zu ent- decken, ein Signal, das von einem entfernt liegenden Ziel reflektiert wird. Zur Verbesserung des Signal-Rauschverhältnisses erfolgt dann eine Integration über mehrere Impulse.

Hüllkurvendemodulator

Da die Form der Einhüllenden eines AM-Signals der modulierenden Si- gnalform entspricht, ist eine Schaltung, die der Einhüllenden folgen kann, ein linearer Diodendetektor. Obwohl die Diode selbst ein nicht- lineares Element darstellt, kann die Spannungs-Strom-Kennlinie für große Eingangssignale im wesentlichen als linear angesehen werden. Ausgangs- und Eingangssignal sind also proportional.

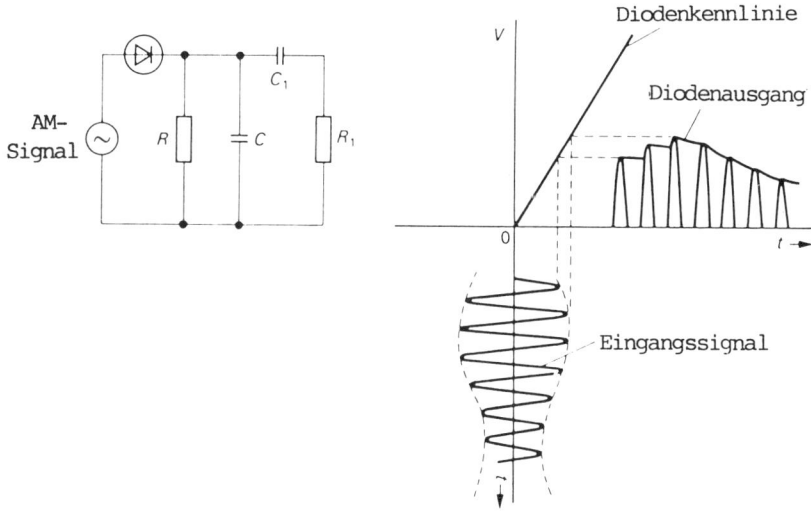

Bild 6.2 Hüllkurvendetektor

Die Grundschaltung in Bild 6.2 besteht aus einer Diode (Halbleiter oder Röhre) in Serie mit einer RC-Schaltung. Die Diode verhält sich als Halbwellengleichrichter, der den Kondensator C auflädt; die Entladung geschieht mit der Zeitkonstanten RC. Ist die Zeitkonstante richtig dimensioniert, folgt das Ausgangssignal der Einhüllenden und enthält das NF-Signal zusammen mit einer Gleichspannung. Letztere wird durch den Koppelkondensator C_1 abgeblockt, und die NF steht am Widerstand R_1 an.

Um den korrekten Wert für RC zu bestimmen, werde für die zeitabhängige Spannung am Kondensator $v = V_o e^{-t/(RC)}$ angesetzt mit V_o als Anfangswert beim Maximum der Einhüllenden. Differentiation nach der Zeit führt auf

$$- \frac{dv}{dt} = \frac{V_o e^{-t/(RC)}}{RC} = \frac{v}{RC}$$

Die abfallende Kondensatorspannung muß der Einhüllenden, die bei Eintonmodulation die Form $v = kV_c(1 + m \sin \omega_m t)$ hat, folgen können (f_m ist die modulierende Frequenz und k der Diodenwirkungsgrad). Damit nun keine Verzerrungen auftreten, muß gelten

$$- \frac{dv}{dt} = \frac{d}{dt} \left(kV_c(1 + m \sin \omega_m t) \right)$$

$$= - km\omega_m V_c \cos \omega_m t$$

Um sicherzustellen, daß die Entladungsgeschwindigkeit des Kondensators, also die Spannungsänderung $-dv/dt$, genügend groß ist, muß die Ungleichung gelten

$$- \frac{dv}{dt} \geq - km\omega_m \cos \omega_m t$$

$$v/(RC) \geq - km\omega_m \cos \omega_m t$$

$$\frac{kV_c}{RC}(1 + m \sin \omega_m t) \geq - km\omega_m \cos \omega_m t$$

$$RC \leq \frac{1 + m \sin \omega_m t}{- m\omega_m \cos \omega_m t}$$

Differenziert man die rechte Seite des letzten Ausdrucks und setzt Null, zeigt sich, daß der Ausdruck für RC minimal wird bei

$$\sin \omega_m t = - m \quad \text{und} \quad \cos \omega_m t = - \sqrt{1 - m^2}$$

Also
$$RC \leq \frac{\sqrt{1 - m^2}}{m\omega_m}$$

In der Praxis kann diese Bedingung für kleinere Werte von m eingehalten werden. Üblicherweise wird m = 0,3 bis 0,4 bei Rundfunksystemen zur Musikübertragung gewählt, um minimale Hüllkurvenverzerrungen aufgrund der Demodulation sicherzustellen.

Eine weitergehende Analyse der Schaltung bei AM-Signalen und Rauschen findet man in einem anderen Band[*] dieser Serie.

Beispiel 6.1

Diskutieren Sie die Vorzüge eines Hüllkurvendetektors, bestehend aus Diode und RC-Schaltung, für Rundfunkempfänger.

Das Eingangssignal eines Hüllkurvendetektors ist eine amplitudenmodulierte Trägerschwingung, von der ein Seitenband unterdrückt ist. Zeigen Sie für den Fall, daß die ursprüngliche Modulationstiefe m klein ist, daß der Klirrfaktor der 2. Oberwelle am Ausgang des Detektors (der als linear angenommen wird) näherungsweise 12,5 m % beträgt.

Erklären Sie, wie man solche Verzerrungen bei Einseitenbandübertragung vermeidet.

Lösung

Die Vorzüge eines Hüllkurvendetektors im Rundfunkempfänger sind:
1. Die Empfängerschaltung ist unkompliziert, da keine anspruchsvollen und kritischen Komponenten erforderlich sind.
2. Die Empfängerkosten sind gering; eine weitverbreitete Anwendung wird so möglich.
3. Für große Eingangssignale arbeitet er linear und verzerrungsarm; das Ausganssignal reicht zur Ansteuerung eines Verstärkers aus.

Das Eingangssignal $v_i(t)$ des Detektors ist gegeben durch

$$v_i(t) = V_c \sin \omega_c t + \frac{mV_c}{2}\cos(\omega_c - \omega_m)t$$

---
[*]Siehe F. R. Connor: Rauschen, Vieweg 1987

$$v_i(t) = V_c \sin \omega_c t + \frac{mV_c}{2}\{\cos \omega_c t \cos \omega_m t + \sin \omega_c t \sin \omega_m t\}$$

$$= V_c \sin \omega_c t\left(1 + \left(\tfrac{m}{2}\right)\sin \omega_m t\right) + \frac{mV_c}{2}\cos \omega_c t \cos \omega_m t$$

also $$= A \sin \omega_c t + B \cos \omega_c t = \sqrt{A^2 + B^2}\sin(\omega_c t + \phi)$$

wobei $A = V_c(1 + (m/2)\sin \omega_m t)$, $B = (mV_c/2)\cos \omega_m t$, und $\phi = \arctan (B/A)$

Das Ausgangssignal des Detektors entspricht der Einhüllenden von $v_i(t)$ und lautet

$$v_o(t) = \sqrt{A^2 + B^2} = \sqrt{V_c^2(1 + m \sin \omega_m t + m^2/4)}$$

$$= V_c\left(1 + m^2/4 + m \sin \omega_m t\right)^{1/2}$$

$$= V_c\sqrt{1 + m^2/4}\left(1 + \frac{m}{(1 + m^2/4)}\sin \omega_m t\right)^{1/2}$$

$$= V_c\sqrt{1 + m^2/4}\left(1 + \frac{m}{2(1 + m^2/4)}\sin \omega_m t - \frac{m^2}{16(1 + m^2/4)^2}\right.$$

$$\left. + \frac{m^2}{16(1 + m^2/4)^2}\cos 2\omega_m t + \ldots\right)$$

falls $m \ll 1$.

Die zweite Harmonische ist im vierten Term enthalten; ihre Amplitude ist $m^2/(16(1 + m^2/4)^2) \simeq m^2/16$, wenn m klein ist. Die Amplitude der Grundwelle im gleichen Ausdruck ist $\simeq m/2$, so daß der Klirrfaktor der zweiten Harmonischen gegeben ist durch

$$\text{Verzerrung in Prozent} = \frac{m^2}{16(m/2)} \cdot 100 = 12,5 \text{ m \%}$$

Solcherart Verzerrungen können bei der Einseitenbandübertragung dadurch reduziert werden, daß man im Empfänger ein zusätzliches Trägersignal derart addiert, daß das Verhältnis Seitenbandspannung zu Gesamtträgerspannung vor dem Demodulator klein wird.

Beispiel 6.2

Bestimmen Sie das gefilterte Ausgangssignal eines quadratischen Detektors ($v_o = Av_i^2$), wenn das Eingangssignal besteht aus
(a)   nur der oberen Seitenfrequenz eines AM-Signals
      $e = \hat{E}(1 + m \cos pt) \sin \omega t$ zusammen mit der Spannung
      $\hat{E}_c\sin(\omega t + \phi)$ eines Lokaloszillators.

(b) beiden Seitenfrequenzen derselben AM-Schwingung zusammen mit
der Oszillatorspannung.

Kommentieren Sie die nichtlinearen Verzerrungen des Detektorausgangs-
signals und den Einfluß des Winkels ϕ.

Lösung

(a) Die Spektralkomponenten des AM-Signals sind gegeben durch

$$e = \hat{E}(1 + m \cos pt)\sin \omega t = \hat{E} \sin \omega t + m\hat{E} \sin \omega t \cos pt$$

$$= \hat{E} \sin \omega t + \frac{m\hat{E}}{2}\{\sin(\omega + p)t + \sin(\omega - p)t\}$$

Die obere Seitenfrequenz ist also

$$e_{OSF} = \frac{m\hat{E}}{2} \sin(\omega + p)t$$

Das Eingangssignal des quadratischen Detektors ist

$$v_i = \frac{m\hat{E}}{2} \sin(\omega + p)t + \hat{E}_c\sin(\omega t + \phi)$$

und sein Ausgangssignal ist

$$v_o = A\left(\frac{m\hat{E}}{2} \sin(\omega + p)t + \hat{E}_c\sin(\omega t + \phi)\right)^2$$

$$= A\left(\frac{m^2\hat{E}^2}{4}\sin^2(\omega + p)t + m\,\hat{E}\hat{E}_c\sin(\omega + p)t \sin(\omega t + \phi)\right.$$

$$\left. + \hat{E}_c^2\sin^2(\omega t + \phi)\right)$$

$$= A\left(\frac{m^2\hat{E}^2}{8} - \frac{m^2\hat{E}^2}{8}\cos 2(\omega + p)t + \frac{m\hat{E}\hat{E}_c}{2}\{\cos(pt - \phi)\right.$$

$$\left. - \cos(2\omega t + pt + \phi)\} + \frac{\hat{E}_c^2}{2} - \frac{\hat{E}_c^2}{2}\cos 2(\omega t + \phi)\right)$$

Anmerkungen

1. Das Ausgangssignal enthält Gleichstromterme, einen Modulationsterm und Terme mit Harmonischen der Eingangsfrequenzen.

2. Eine nichtlineare Verzerrung der Modulation liegt nicht vor.

3. Der Modulationsterm ist einfach phasenverschoben um den Winkel
ϕ, eine Synchronisation des Trägers ist nicht wesentlich.

(b) Das Eingangssignal des quadratischen Detektors ist nun

$$v_i = \hat{E}_c\sin(\omega t + \phi) + m\hat{E} \sin \omega t \cos pt$$

und sein Ausgangssignal lautet

$$v_o = A(\hat{E}_c^2 \sin^2(\omega t + \phi) + 2m\hat{E}_c\hat{E}\sin(\omega t + \phi)\sin\omega t\cos pt$$

$$+ m^2 \hat{E}^2 \sin^2\omega t\cos^2 pt)$$

$$= A(\frac{\hat{E}_c^2}{2} - \frac{\hat{E}_c^2}{2}\cos 2(\omega t + \phi)$$

$$+ 2m\hat{E}_c\hat{E}\{(\sin\omega t\cos\phi + \cos\omega t\sin\phi)\sin\omega t\cos pt\}$$

$$+ \frac{m^2\hat{E}^2}{4}\{(1 - \cos 2\omega t)(1 + \cos 2pt)\})$$

also $$v_o = A(\frac{\hat{E}_c^2}{2} - \frac{\hat{E}_c^2}{2}\cos 2(\omega t + \phi)$$

$$+ m\hat{E}_c\hat{E}\{(1 - \cos 2\omega t)\cos pt\cos\phi + \sin 2\omega t\cos pt\sin\phi\}$$

$$+ \frac{m^2\hat{E}^2}{4}\{1 - \cos 2\omega t + \cos 2pt - \cos 2\omega t\cos 2pt\})$$

oder $$v_o = A(\frac{\hat{E}_c^2}{2} - \frac{\hat{E}_c^2}{2}\cos 2(\omega t + \phi) + m\hat{E}_c\hat{E}\cos pt\cos\phi$$

$$- \frac{m\hat{E}_c\hat{E}}{2}\cos\phi\{\cos(2\omega + p)t + \cos(2\omega - p)t\}$$

$$+ \frac{m\hat{E}_c\hat{E}}{2}\sin\phi\{\sin(2\omega + p)t - \sin(2\omega - p)t\}$$

$$+ \frac{m^2\hat{E}^2}{4} - \frac{m^2\hat{E}^2}{4}\cos 2\omega t + \frac{m^2\hat{E}^2}{4}\cos 2pt$$

$$- \frac{m^2\hat{E}^2}{8}\{\cos(2\omega + 2p)t + \cos(2\omega - 2p)t\})$$

Anmerkungen

1. Das Ausgangssignal enthält Gleichstromterme, einen Modulations-
    term und Harmonische der Eingangsfrequenzen.

2. Der Modulationsterm $Am\hat{E}_c\hat{E}\cos pt\cos\phi$ ist maximal bei $\phi = 0$
    und verschwindet bei $\phi = \pi/2$. Der Lokaloszillator muß also stabil
    und exakt synchronisiert sein.

3. Der Klirrfaktor der 2. Harmonischen ist nicht ganz zu vernach-
    lässigen. Relativ zur Grundschwingung ergibt sich

$$\frac{Am^2\hat{E}^2}{4} / (Am\hat{E}_c\hat{E}) = \frac{m\hat{E}}{4\hat{E}_c}$$

Restseitenbanddemodulation

Ein Restseitenband-TV-Signal wird häufig durch einen Hüllkurvendtektor demoduliert, da die Schaltung einfach und wirtschaftlich ist. Um die Demodulatorfunktion zu erläutern, stelle man sich den folgenden Weg zur Erzeugung eines Restseitenbandsignals vor: Zu einem AM-Signal wird ein zweites kleineres Paar von Seitenfrequenzen hinzuaddiert, aber in Quadratur zum Träger. Dies wird in Bild 6.3 dargestellt. Bild 6.3 (a) zeigt das AM-Signal, 6.3(b) dasselbe Signal mit den zusätzlichen Quadraturseitenbändern und 6.3(c) das resultierende VSB-Signal.

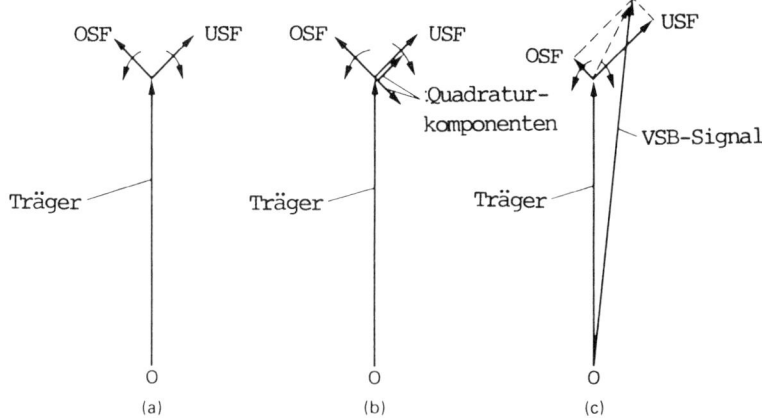

Bild 6.3 Erzeugung eines Restseitenband-(VSB)-Signals

Der Ausdruck für das AM-Signal wird aus Kapitel 2 entnommen zu
$$v(t) = V_c(1 + m \sin \omega_m t)\sin \omega_c t$$
wobei der Term $mV_c\sin \omega_m t \sin \omega_c t$ die Seitenbänder in der richtigen Phasenlage darstellt. Das kleinere Paar der Quadraturseitenbänder ist gegeben durch $kmV_c\cos \omega_m t \cos \omega_c t$ mit $0 < k < 1$. Damit ist das VSB-Signal, das dem Detektor angeboten wird, gegeben durch
$$v_i(t) = V_c((1 + m \sin \omega_m t)\sin \omega_c t + km \cos \omega_m t \cos \omega_c t)$$
$$= V_c\{(1 + p(t))\sin \omega_c t + q(t)\cos \omega_c t\}$$
mit $p(t) = m \sin \omega_m t$ und $q(t) = km \cos \omega_m t$.

Also $$v_i(t) = V_c(\sqrt{A^2 + B^2}\sin(\omega_c t + \phi))$$
mit $A = 1 + p(t)$, $B = q(t)$ und $\phi = \arctan (B/A)$.

Das Eingangssignal des Demodulators ist also ein winkelmoduliertes
Signal, dessen Amplitude ebenfalls schwankt. Der Hüllkurvendetektor
reagiert nur auf die Amplitudenschwankungen, so daß das Ausgangssignal
des idealen Detektors gegeben ist durch

$$v_o(t) = V_c(\sqrt{A^2 + B^2}) = AV_c\sqrt{1 + (B/A)^2}$$

$$\simeq AV_c \quad \text{wenn} \quad B \ll A$$

$$\simeq V_c(1 + m \sin \omega_m t)$$

da $A = (1 + m \sin \omega_m t)$.

Dieses Resultat entspricht dem Signal am Ausgang eines AM-Demodula-
tors; Verzerrungen sind nicht vorhanden, falls $B \ll A$, also die Qua-
draturkomponente $q(t)$ klein ist. Da nun $q(t)$ vom Produkt km abhängt,
kann man in der Praxis sendeseitig den Modulationsgrad m erhöhen, um
so die Seitenbandleistung zu erhöhen (oder die Trägerleistung zu ver-
mindern), vorausgesetzt das Produkt km bleibt klein. Der Diodendetektor kann dabei immer als Demodulator eingesetzt werden.

Synchrondetektor

Die Funktionsweise dieses Detektors ist ganz ähnlich der eines multi-
plikativen Mischers, bei dem zwei Signale an einem nichtlinearen Bauteil multipliziert werden, um am Ausgang Summen- und Differenzfrequenzen zu erzielen. Bei einem Synchrondetektor wird also das einlaufende
Signal, im allgemeinen ein DSBSC- oder SSBSC-Signal, mit einem lokalen
Trägersignal an einer nichtlinearen Kennlinie multipliziert. Das Ausgangssignal wird durch einen geeigneten Tiefpaß gefiltert, wodurch
die Modulation zurückgewonnen wird. Bild 6.4 zeigt eine Blockschaltung. Das einlaufende Signal ist $v_1 = f(t)$ und das Lokaloszillatorsignal $v_2 = V_2 \sin \omega_c t = \sin \omega_c t$, wenn man der Einfachheit halber $V_2 =$
1 V setzt.

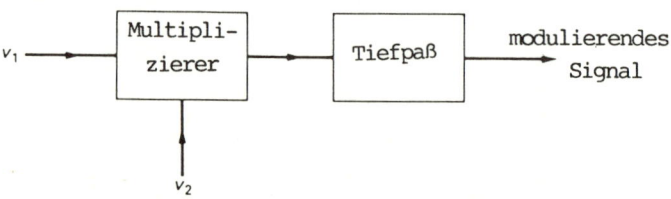

Bild 6.4 Synchrondetektor

Im Falle des DSBSC-Signals gilt

$$v_1 = f(t) = mV_c \sin \omega_m t \, \sin \omega_c t$$

$$v_2 = \sin \omega_c t$$

wobei $m = V_m/V_c$ der Modulationsgrad ist. Da der Multiplizierer das Produkt $v_o = kv_1v_2$ bildet, wobei k die Dimension 1/V hat, wird

$$v_o = kv_1v_2 = kmV_c\sin \omega_m t \, \sin^2\omega_c t = kV_m \sin \omega_m t \, \sin^2\omega_c t$$

$$= \frac{kV_m \sin \omega_m t}{2}(1 - \cos 2\omega_c t)$$

$$= (\frac{kV_m}{2})\sin \omega_m t - (\frac{kV_m}{2})\sin \omega_m t \, \cos 2\omega_c t$$

Der Tiefpaß filtert den Modulationsterm heraus

$$(\frac{kV_m}{2})\sin \omega_m t$$

Für SSBSC-Signale gilt

$$v_1 = f(t) = (\frac{kmV_c}{2})\cos(\omega_c - \omega_m)t$$

falls das untere Seitenband übertragen wird; es ist $v_2 = \sin \omega_c t$. Also wird

$$v_o = kv_1v_2 = (\frac{kmV_c}{2})\cos(\omega_c - \omega_m)t \, \sin \omega_c t$$

$$= \frac{kmV_c}{4}(\sin \omega_m t + \sin(2\omega_c - \omega_m)t)$$

Der Modulationsterm kann durch ein Tiefpaßfilter abgetrennt werden.

Jedoch muß für die synchrone oder kohärente Detektion sichergestellt werden, daß der empfängerseitig zugesetzte Träger genau in Frequenz und Phasenlage stimmt. Die Wirkung von Phasen- oder Frequenzfehlern kann betrachtet werden, indem man das Lokaloszillatorsignal mit dem Ausdruck $v_2 = \sin(\omega'_c t + \phi)$ beschreibt, wobei $\omega'_c = \omega_c + \delta\omega_c$. Für beide Fälle, DSBSC und SSBSC wird im Anhang G gezeigt, daß Verzerrungen oder Phasenlaufzeiten auftreten können und speziell bei $\phi = \pi/2$ die Modulation bei DSBSC verschwinden kann.

Um also exakte Synchronisation sicherzustellen, wird ein Pilotträger übertragen, der gegenüber seinem Normalwert um ca. 26 dB abgeschwächt ist. Im Empfänger wird der Pilotträger dazu verwendet, den Lokaloszillator zu synchronisieren; er kann auch verstärkt und dann als Lokaloszillatorsignal eingesetzt werden.

Beispiel 6.3

An einem Eingang des Multiplizierers in Bild 6.5 liegt eine Trägerschwingung mit dem Effektivwert $\sqrt{2}$ V, am zweiten Eingang liegt dasselbe Trägersignal, nachdem es einen Modulator durchlaufen hat. Der
Modulator wird mit einem niederfrequenten periodischen Rechtecksignal
mit zwei Pegeln [0, 1] angesteuert. Wenn der Signalpegel 0 ist, soll
das Trägersignal völlig unverändert durchgelassen werden, so daß am
zweiten Eingang des Multiplizierers in diesem Falle ebenfalls $\sqrt{2}$ V
effektiv liegen. Der anschließende Tiefpaß unterdrückt alle Frequenzanteile bei der und oberhalb der Trägerfrequenz und läßt alle nieder-
frequenteren Anteile ohne Dämpfung durch.

Leiten Sie für jeden der folgenden Fälle die Kurvenform und die Amplitude am Ausgang des Filters her:
(a) das Signal moduliert den Träger in der Phase mit einer Phasen-
     abweichung von + $\pi/2$ rad, wenn der Signalpegel 1 ist,
(b) das Signal moduliert den Träger in der Frequenz mit einem Fre-
     quenzhub von ± 120 Hz, wenn der Signalpegel 1 ist und
(c) das Signal moduliert den Träger in der Amplitude, so daß das
     Ausgangssignal des Modulators Null ist, wenn der Signalpegel 1
     ist.

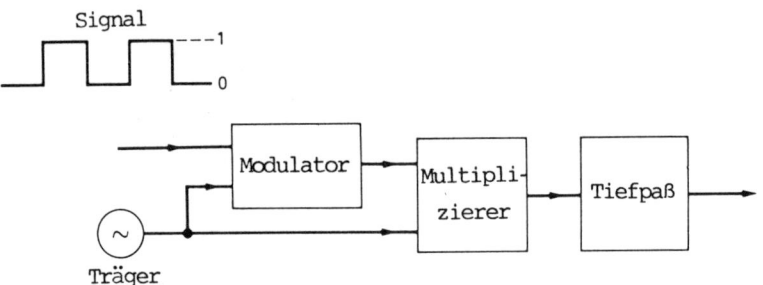

Bild 6.5 zum Beispiel 6.3

Lösung

Das Ausgangssignal des Modulators sei s_1 und das des Trägeroszillators
$s_2 = 2 \sin \omega_c t$, wobei $\omega_c/(2\ )$ die Trägerfrequenz ist. Das Ausgangssignal des Multiplizierers ist $s_1 \cdot s_2$ und das Ausgangssignal des Filters werde s_0 genannt. Dann gilt

(a) $s_1 = 2 \sin(\omega_c t + \phi)$ wobei $\phi = 0$ oder $\pi/2$

$s_2 = 2 \sin \omega_c t$

$s_1 \cdot s_2 = 4 \sin(\omega_c t + \phi) \sin \omega_c t = 2\{\cos \phi - \cos(2\omega_c t + \phi)\}$

$s_o = 2 \cos \phi = 0$ oder $2V$ Impuls

(b) $s_1 = 2 \sin 2\pi f_i t$ wobei $f_i = (f_c + 120)$ Hz oder f_c

$s_2 = 2 \sin 2\pi f_c t$

$s_1 \cdot s_2 = 4 \sin 2\pi f_i t \sin 2\pi f_c t = 2\{\cos 2\pi(f_i - f_c)t - \cos 2\pi(f_i + f_c)t\}$

$s_o = 2 \cos 2\pi(f_i - f_c)t = 120$ Hz cos-Schwingung oder 2 V Gleichspg.

(c) $s_1 = V_c \sin \omega_c t$ wobei $V_c = 0$ oder $2V$

$s_2 = 2 \sin \omega_c t$

$s_1 \cdot s_2 = 2V_c \sin^2 \omega_c t = V_c(1 - \cos 2\omega_c t)$

$s_o = V_c = 0$ oder $2V$ Impuls

Betriebsgüte des Detektors

Die Detektion von Signalen im Rauschhintergrund ist von entscheidender Wichtigkeit in Kommunikationssystemen. Die Betriebsgüte bzw. Leistungsfähigkeit eines Detektors wird üblicherweise angegeben in Abhängigkeit vom Signal-Rauschverhältnis S_i/N_i an seinem Eingang und vom Signal-Rauschverhältnis S_o/N_o an seinem Ausgang, beide Angaben in dB. Im Anhang H wird die Analyse für den quadratischen, den linearen und den synchronen Detektor durchgeführt für den Fall, daß eingangsseitig jeweils schmalbandiges Gaußrauschen und ein Sinusträger anliegen. Das Ergebnis ist in Bild 6.6 dargestellt. Für niedrige Verhältnisse S_i/N_i haben quadratischer und linearer Detektor ähnliche Güten. Bei großen Verhältnissen S_i/N_i dagegen ist der lineare Detektor gegenüber dem quadratischen um 3 dB besser. Jedoch ist das ausgangsseitige Signal-Rauschverhältnis bei $S_i/N_i < 1$ derart schlecht, daß das Signal im Rauschen völlig verschwunden ist (AM-Schwellwert-Effekt).

Beste Betriebsgüte zeigt der Synchrondetektor, besonders bei geringen S_i/N_i-Verhältnissen. Beispielsweise ergibt sich bei $S_i/N_i \approx 1$ ein Vorteil von ca 3 dB gegenüber dem linearen Hüllkurvendetektor, und es

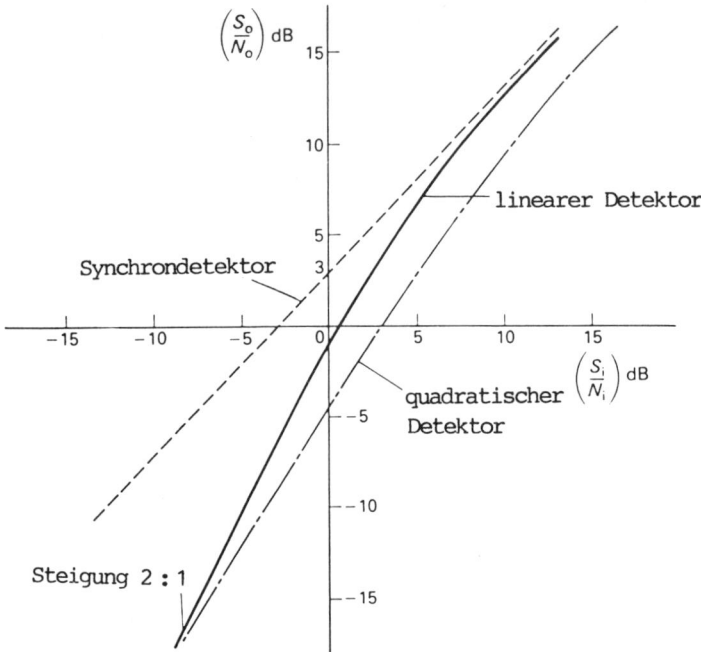

Bild 6.6   Betriebsgüte von AM-Detektoren

tritt kein Schwellwerteffekt auf. Bei großen Signal-Rauschverhält-
nissen verhalten sich linearer und Synchrondetektor praktisch gleich.

6.2 FM-Diskriminatoren

Um die Modulation einer FM-Trägerschwingung zurückzugewinnen, muß
die Frequenzvariation in eine entsprechende Amplitudenvariation umgewandelt werden. Schaltungen hierfür werden üblicherweise Diskrimina-
toren genannt; weitverbreitet sind der Foster-Seeley-Kreis und der
Ratiodetektor. Ersterer hat generell bessere Linearität, es muß jedoch
ein Begrenzer vorgesetzt werden, während letzterer beides, Begrenzung
und Diskrimination, in einer Schaltung vereint. Diese Schaltung wird
vielfach in Heimempfängern verwendet.

Foster-Seeley-Diskriminator   [33]

Diese Schaltung ist auch als Riegger-Kreis bekannt. Die Schaltung in
Bild 6.7(a) zeigt die beiden in Gegentakt angeordneten Dioden, die

von der gemeinsamen Sekundärwicklung gespeist werden. Die Spannung
V_p des Primärkreises wird über eine Kapazität an die Mittelanzapfung
der Sekundärspule geführt, so daß die Spannungen V_1 und V_2 in Gegenphase liegen.

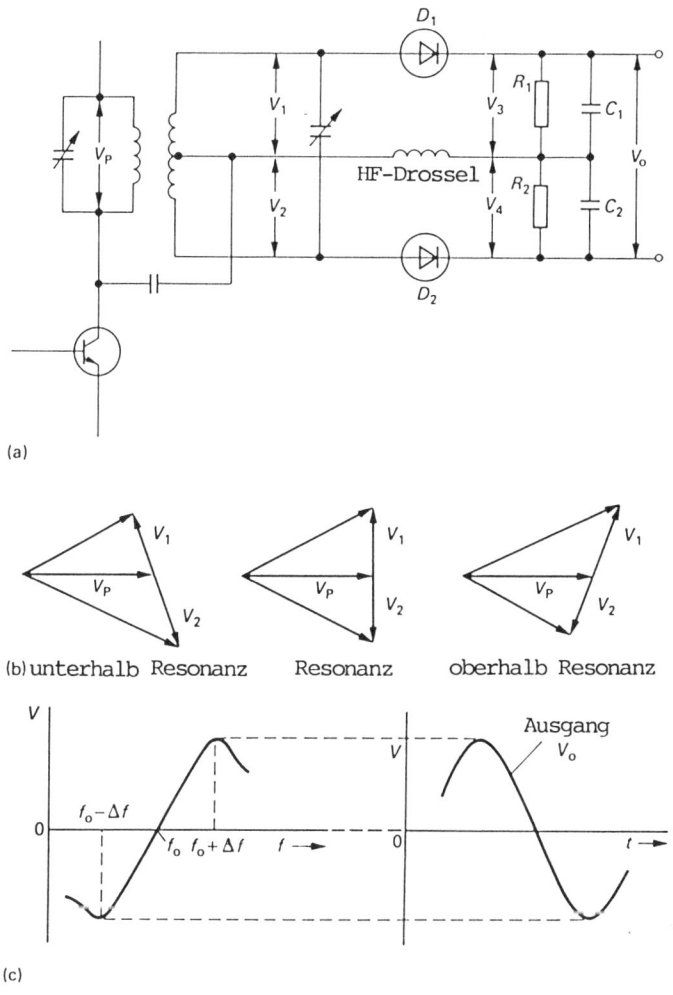

Bild 6.7 Zum Foster-Seeley-Diskriminator

Bei Resonanzfrequenz sind Primärstrom I_p und Primärspannung V_p in
Phase; die im Sekundärkreis induzierten Spannungen V_1 und V_2 liegen
senkrecht zu V_p, da $V_1 = -j\omega MI_p$, wobei M die Gegeninduktivität zwischen den beiden Wicklungen ist.

Aus dem Zeigerdiagramm in Bild 6.7(b) entnimmt man, daß die beiden Spannungen $V_p + V_1$ bzw. $V_p + V_2$ an den beiden Dioden anliegen. Die Gleichspannungen V_3 und V_4 sind gleich und gegensinnig im Resonanzfall, und deshalb ist $V_o = 0$. Oberhalb der Resonanz wirkt der Primärkreis induktiv, so daß I_p der Spannung V_p etwas nacheilt. Dadurch wird V_3 größer als V_4 und damit V_o positiv. Unterhalb der Resonanz ist der Schwingkreis kapazitiv, und die Verhältnisse kehren sich um, so daß V_o negativ wird.

Wenn also die Frequenz variiert wird, ergibt sich als Kennlinie die bekannte S-förmige Kurve aus Bild 6.7(c), die beispielsweise im Bereich ± 75 kHz linear verläuft. Da die Eingangsfrequenz entsprechend der Modulation variiert, ist die Ausgangsspannung das Modulationssignal mit geringer Verzerrung.

Ratiodetektor   [34]

Bild 6.8(a) zeigt die Schaltung, die in gewisser Hinsicht der in Bild 6.7(a) ähnelt; jedoch ist die Diode D_2 umgedreht, und eine große Kapazität C_o ist über die Widerstände R_3 und R_4 gelegt. Weiterhin wird eine dritte Wicklung benutzt, anstatt die Primärspannung direkt auf die Mittelanzapfung der Sekundärwicklung zu legen.

Im Zeigerdiagramm in Bild 6.8(b) ist V_T die Spannung der Tertiärwicklung. Im Resonanzfall werden die gleichgroßen Spannungen $V_T + V_1$ und $V_T + V_2$ an die in Serie geschalteten Dioden gelegt. Dies führt zu einem Stromfluß über R_3 und R_4, an denen dann die Spannung V abfällt. Üblicherweise ist $R_3 = R_4$, so daß die Ausgangsspannung $V_o = V/2 - V_3$ $= V_4 - V/2$ ist. Also wird

$$2V_o = (V/2 - V_3) + (V_4 - V/2) = V_4 - V_3$$

$$V_o = (V_4 - V_3)/2$$

Falls also auch $C_3 = C_4$ ist $V_3 = V_4$ bei Resonanz und $V_o = 0$. Oberhalb der Resonanzfrequenz ist $V_3 > V_4$ und damit V_o negativ, unterhalb der Resonanz ist $V_3 < V_4$ und V_o positiv. Die Ausgangsspannung V_o variiert also in ihrer Amplitude, wenn das Eingangssignal entsprechend der Modulation in der Frequenz schwankt. Da das Verhältnis (englisch ratio) der Spannungen V_3/V_4 mit der Modulation schwankt, spricht man von einem Ratiodetektor.

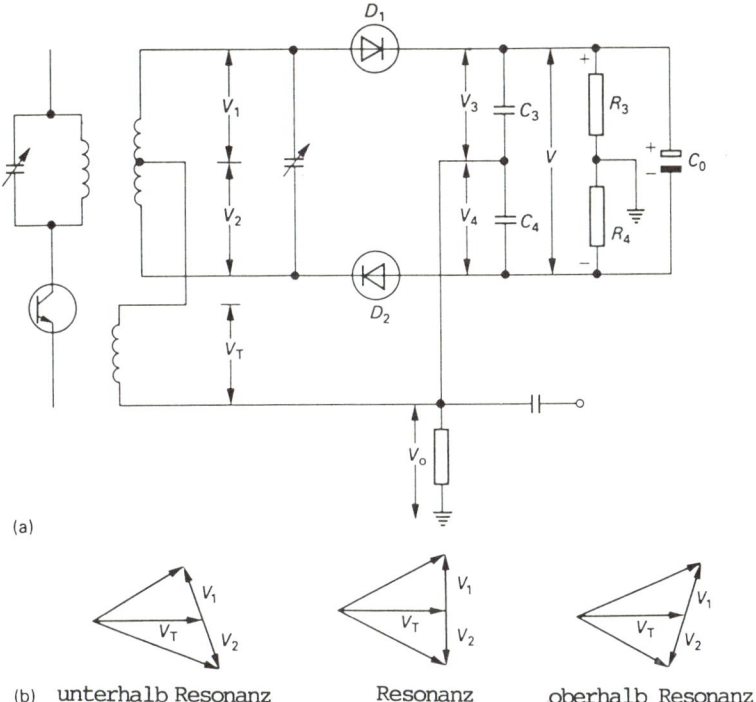

(a)

(b) unterhalb Resonanz   Resonanz   oberhalb Resonanz

Bild 6.8   Zum Ratiodetektor

Eine zusätzliche Eigenschaft der Schaltung ist die Begrenzerwirkung.
Legt man eine große Kapazität C_O über die Widerstände R_3 und R_4, so
verursachen Amplitudenschwankungen an der Sekundärwicklung Umladevor-
gänge an C_O. Da die Zeitkonstante $(R_3 + R_4)C_O$ typisch um die 0,1 s
liegt, werden schnelle Amplitudenschwankungen wegen Rauschens oder
Fading ausgeglichen und die Spannung über C_O bleibt praktisch konstant. Der Kondensator wirkt wie ein großer Speichertank, dessen Füll-
stand sich nur unwesentlich verändert. Die Ausgangsspannung V_O wird
also durch Amplitudenschwankungen nicht beeinflußt, vielmehr nur durch
Frequenzschwankungen aufgrund des modulierenden Signals.

6.3   Phasendemodulation

Eine phasenmodulierte Trägerschwingung kann mittels FM-Empfänger mit
nachfolgendem Integrator demoduliert werden. Da der FM-Empfänger ein
Ausgangssignal proportional der Frequenzvariation Δf mit $\Delta f = f_m \Delta \phi$

und der modulierenden Frequenz f_m abgibt, muß dieses noch durch ein
$1/f_m$-Netzwerk geleitet werden, um eine Spannung proportional zur Pha-
senvariation $\Delta\phi$ zu erzielen, die dem modulierenden Signal entspricht.
Bild 6.9 zeigt die Technik.

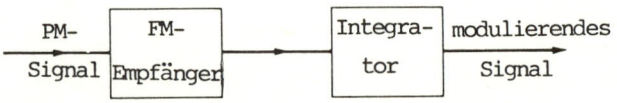

Bild 6.9   Phasendemodulation

6.4 Phasenvergleicher   [35]

Die Schaltung aus Bild 6.10 kann zur Frequenzregelung eines Oszillators verwendet werden, da sie auf Phasenänderungen aufgrund der Drift
eines Oszillators reagiert. Man erreicht dies durch Phasenvergleich
eines driftenden Oszillators mit einem hochstabilen Referenzoszilla-
tor. Verändert sich die Frequenz des Eingangssignals, so verändert
sich auch kontinuierlich die Phasenlage in bezug auf den stabilen
Oszillator; die Ausgangsspannung des Detektors ändert sich dann in

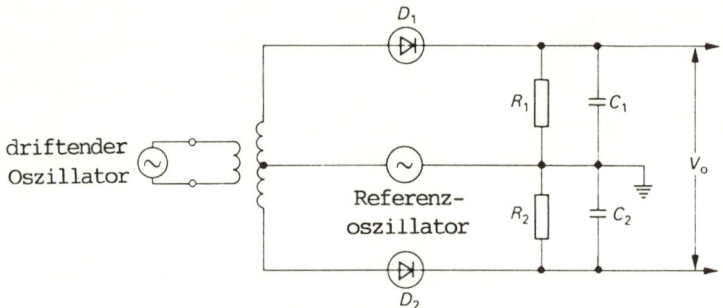

Bild 6.10   Phasenvergleicher

der gleichen Weise wie beim Foster-Seeley-Diskriminator. Diese Ausgangsspannung kann dann in einem geschlossenen Regelkreis dazu dienen,
die Frequenz des driftenden Oszillators zu regeln. Die Schaltung kann
auch als Bestandteil eines PLL-FM-Demodulators eingesetzt werden.

Eine gleichartige Schaltung wird häufig in Regelsystemen verwendet, bei denen das Eingangssignal einem Fehlersignal eines Servo-Systems entspricht und der Ausgang zurückgekoppelt dazu dient, das Fehlersignal zu reduzieren.

6.5 Rückkopplungsdemodulatoren   [36]

Die FM-Schwelle [37] kann bei Verwendung eines Rückkopplungsdemodulators verringert werden. Hierbei kommt Gegenkopplung zur Anwendung, wie beispielsweise bei der Frequenzregelschleife (frequency-locked loop FLL) oder der Phasenregelschleife (phase-locked loop PLL).

Frequenzregelschleife (FLL)

Diese Schleife funktioniert im wesentlichen wie ein schmalbandiges Nachlauffilter, welches den Frequenzänderungen am Eingang genau folgt. Bild 6.11 zeigt eine Blockschaltung.

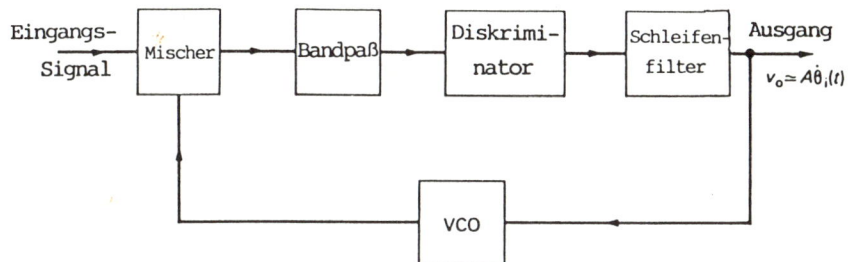

Bild 6.11 Frequenzregelschleife

Das Eingangssignal wird mit dem Ausgangssignal des spannungsgesteuerten Oszillators (VCO) gemischt. Die Differenzfrequenz $\omega_i - \omega_o = \omega_c$ liegt in der Mitte des Bandpasses (bei eingerasteter Regelschleife), das Bandpaßsignal wird durch den Diskriminator differenziert und dann durch ein schmalbandiges Tiefpaßfilter geschickt, dessen Ausgangssignal die VCO-Frequenz gerade so einstellt, daß $\omega_i - \omega_o = \omega_c$ wird.

Es wird in Anhang I gezeigt, daß die Steuerspannung am Ausgang des Schleifenfilters gegeben ist durch $v_o \simeq A\dot{\theta}_i(t)$ mit $A = 1/\beta$; ß ist der

Gegenkopplungsfaktor und $\overset{\bullet}{\theta}_i(t)$ ist die erste zeitliche Ableitung des Augenblicksphasenwinkels. Liegt also eingangsseitig eine FM-modulierte Schwingung an und ist die Schleifenfilterbandbreite gleich zweimal der Modulationssignalbandbreite, so folgt das Ausgangssignal der Modulation, und die Gesamtschaltung wirkt als FM-Demodulator. Wie ebenfalls in Anhang I gezeigt wird, kann die Bandbreite des Bandpasses beträchtlich schmaler sein als die des FM-Signals; die Schaltung verhält sich deshalb als schmalbandiges Nachlauffilter.

Folglich ist auch das Signal-Rauschverhältnis am Ausgang wesentlich größer als das eines konventionellen FM-Demodulators, so daß auch noch ein Eingangssignal mit einem Verhältnis S/N unterhalb dessen FM-Schwelle demoduliert werden kann. In der Praxis läßt sich eine Schwellwertreduktion um ungefähr 6 dB erreichen.

Phasenregelschleife (PLL)   [38]

Anders als bei der FLL, die nur frequenzmäßig einrasten kann, ist diese Schleife in der Lage, frequenz- und phasenmäßig einzurasten. Sie wird weitgehend in den verschiedensten Schaltungen der Kommunikationstechnik genutzt; Bild 6.12 zeigt eine typische Blockschaltung.

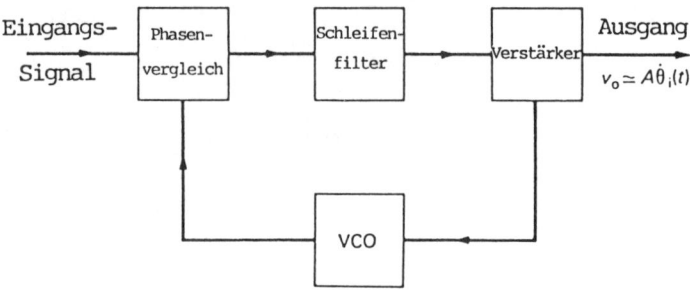

Bild 6.12 Phasenregelschleife

Die PLL-Schaltung ist einfacher als die FLL-Schaltung; sie benutzt einen phasenempfindlichen Detektor (phase-sensitive detector PSD), der einfach ein Multiplizierer sein kann. Die Eingangssignale des Phasendetektors werden nach der Multiplikation durch ein schmalbandiges Tiefpaß-Schleifenfilter gefiltert, dann verstärkt und dem VCO zugeführt. In Anhang I wird gezeigt, daß die Schaltung für kleine Phasendifferenzen $\theta_i - \theta_o$, also in der Umgebung des Einrastpunktes, praktisch linear arbeitet und daß für das Ausgangssignal $v_o \simeq A\dot{\theta}_i(t)$ gilt.

Sind zu Anfang Eingangs- und VCO-Frequenzen und -Phasen verschieden, so bewirkt das Fehlersignal eine Verschiebung der VCO-Frequenz derart, daß die Regelschleife frequenzmäßig einrastet, also $\omega_i = \omega_o$ wird, dann wird noch die Phase θ_o so dicht wie möglich an θ_i herangeschoben, so daß die Regelschleife auch phasenmäßig einrastet. Es bleibt jedoch eine gewisse Regelabweichung $\theta_i - \theta_o$ vorhanden, die allerdings bei hoher Schleifenverstärkung sehr gering ausfallen kann.

Falls das Eingangssignal nun eine FM-modulierte Schwingung ist und die Schleifenbandbreite ausreicht, um das Modulationsfrequenzband durchzulassen, entspricht die Regelspannung v_c der aufmodulierten NF, und die Schaltung wirkt als FM-Demodulator. Hier läßt sich ebenfalls feststellen, daß die Schleifenfilterbandbreite wesentlich kleiner als die des Eingans-FM-Signals ist; es gibt hier also auch eine S/N-Verbesserung am Ausgang, so daß sich die FM-Schwelle im praktischen System um ca 6 dB verringert.

Eine andere Anwendung der PLL besteht darin, eine stabile Frequenz dadurch zu erzielen, indem das Phasenrauschen eines Oszillators stark reduziert wird. Der zu stabilisierende Oszillator ist ein VCO, der in eine Regelschleife eingebunden wird, an deren Eingang ein sehr stabiler Quarzoszillator angeschlossen ist. Der VCO rastet auf die Quarzoszillatorfrequenz ein, und sein Phasenrauschen wird beträchtlich reduziert durch die Rückführung des Fehlersignals.

Meist sind die Frequenzen des VCO's und des stabilen Oszillators nicht gleich, vielmehr wird durch verschiedene Stufen der Frequenzverviel-fachung und -teilung die notwendige Frequenzumsetzung erreicht. Durch umschaltbare Teiler kann so eine Schaltung mehrere stabile Frequenzen erzeugen; man nennt sie dann Fequenzsynthesiser.

6.6 Trägerrückgewinnung   [39,40]

In Kommunikationssystemen, in denen kein Referenzträger mitübertragen
wird, z. B. DSBSC, wird eine Schaltung zur Rückgewinnung des Trägers
(tracking loop) benötigt, der dann bei der kohärenten Demodulation
wieder zugesetzt werden kann. Hierfür kommen Costasschleife (Costas
loop), Frequenzvervielfachung (squaring loop) und Remodulation (remodulation loop) infrage.

Costasschleife

Hierbei wird die Phasenlage der einlaufenden Trägerschwingung, deren
Frequenz von vornherein bekannt ist, vom Signal mit unterdrücktem
Träger s(t) plus Rauschen n(t) dadurch abgeleitet, daß man es in zwei
Phasenvergleichern (Multiplizierern) mit dem Ausgangssignal eines
VCO's bzw. mit dem um 90° phasenverschobenen VCO-Signal multipliziert.
Die Ausgangsprodukte werden dann tiefpaßgefiltert und die resultierenden Signale im I-Zweig (in-phase channel) und im Q-Zweig (quadratur
phase channel) einem weiteren Phasendiskriminator, z. B. einem Multiplizierer, zugeführt. Dessen Ausgangssignal wird gefiltert, und die
verbleibende Gleichspannungskomponente steuert die Phase des VCO's
so nach, daß sie der des unterdrückten Trägers folgt. Der VCO gibt
also ein kohärentes Trägersignal ab, das zur Demodulation des DSBSC-
Signals benutzt werden kann. Die Schaltung ist in Bild 6.13 angegeben.

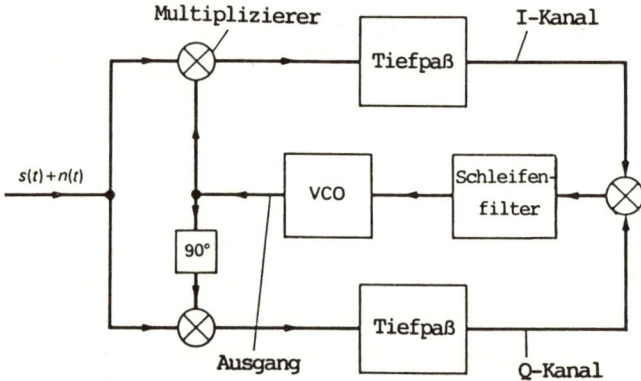

Bild 6.13 Costasschleife

Frequenzverdopplung

Das mit der Frequenz ω_C einlaufende Signal wird quadriert und damit
in der Frequenz verdoppelt auf $2\omega_C$. Ein schmalbandiges Bandpaßfilter
mit der Bandmittenfrequenz $2\omega_C$ schließt sich an. Das Filterausgangssi-
gnal wird nun einer konventionellen PLL zugeführt, deren VCO dann
auf das angebotene Signal frequenz- und phasenmäßig einrastet. Der
VCO-Ausgang ist also das gewünschte kohärente Signal, aber bei doppel-
ter Frequenz. Es muß also noch mittels Frequenzteiler durch zwei geteilt werden, um für Demodulationszwecke die kohärente Frequenz ω_C
bereitzustellen. Die Schleife ist in Bild 6.14 gezeigt.

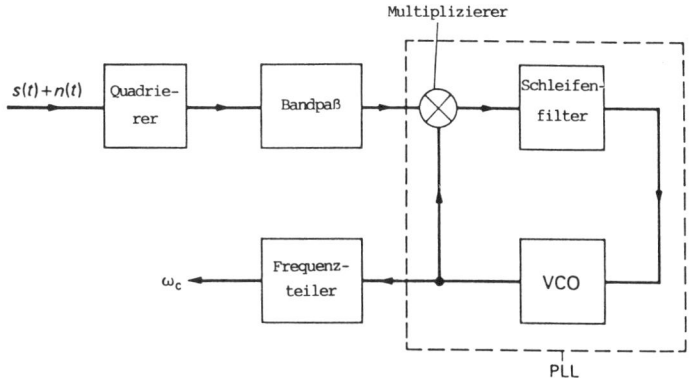

Bild 6.14 Trägerrückgewinnung durch Quadrieren (squaring loop)

Remodulation

Die Schaltung in Bild 6.15 macht eine Schätzung $\hat{m}(t)$ der Modulation
des einlaufenden Signals s(t) mit der Modulation m(t) mittels einer
Standard-PLL. Die Phase ist zunächst noch nicht eingerastet. Der
Schätzwert der Modulation $\hat{m}(t)$ wird mit einer geeignet verzögerten
Version des einlaufenden Signals, welches mit dem VCO-Signal multipliziert ist, verglichen. Hieraus wird dann über das Schleifenfilter
eine Regelgröße zur Einstellung der Phasenlage des VCO's abgeleitet,
so daß die Phase einrasten kann.

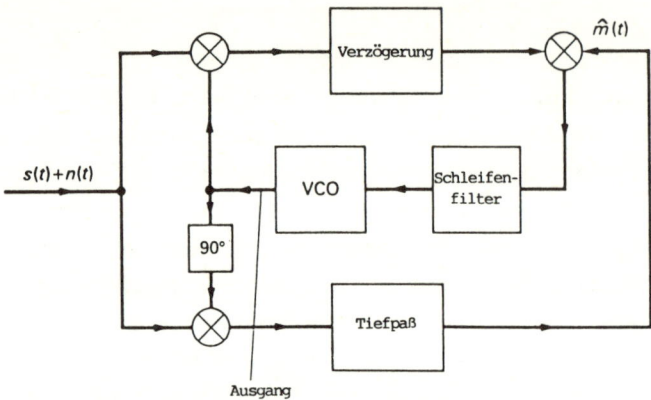

Bild 6.15 Remodulation

6.7 Pulsdemodulation

Falls Pulssignale vorliegen, muß beim Empfang die Demodulation derart
erfolgen, daß die originale Modulation wiedergewonnen wird. Als weiter
vorn das Spektrum eines PAM-Signals untersucht wurde, konnte festge-
stellt werden, daß die Modulation dadurch zurückgewonnen werden kann,
indem man das Pulssignal durch ein geeignetes Tiefpaßfilter mit der
Grenzfrequenz W schickt, wobei W die höchste Frequenzkomponente der
Modulation ist.

In einem PAM-Demodulator kann vor das Tiefpaßfilter noch ein Abtast-
und Halteglied gestellt werden, wodurch das Ausgangssignal angehoben
wird. Diese Schaltung lädt einen Kondensator über einen niederohmigen
Schalter während des Abtastimpulses auf. Während des Restes der Abtastperiode T_C wird der Kondensator an den hochohmigen Ausgang gelegt.
Die Kondensatorspannung ändert sich also bei jedem Abtastimpuls und
bleibt zwischen diesen praktisch konstant. Ausgangsseitig ergibt sich
eine Treppenkurve, die dann noch durch den Tiefpaß geglättet wird.
Bild 6.16 zeigt die Schaltung.

Bild 6.16 PAM-Demodulator

Zur Demodulation von PDM und PPM kann ebenfalls ein Tiefpaß eingesetzt werden, falls die Impulsdauer zur Vermeidung von Verzerrungen klein gegenüber der Pulsperiodendauer ist. Jedoch läßt sich die Demodulation der einzelnen Impulse durch Synchronisation verbessern.

Beispielsweise wird in einem PDM-Demodulator jeder Impuls aufinte-griert und dann durch ein Abtast- und Halteglied abgetastet. Um Inte-grator und Abtastschaltung auf Null zu setzen, ist eine Synchronisie-rung auf die PDM-Impulsfolge, also eine Taktrückgewinnung, notwendig. Bild 6.17 zeigt die Blockschaltung.

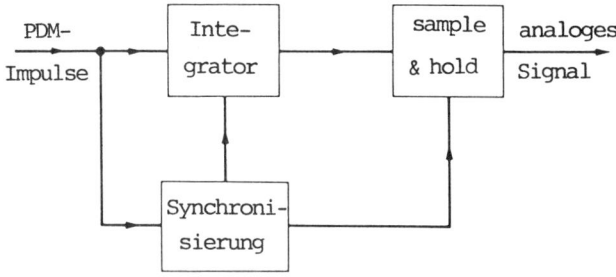

Bild   6.17   PDM-Demodulator

Um PPM-Signale zu demodulieren, können die PPM-Impulse in eine PDM-Impulsfolge umgewandelt werden, die dann, wie oben beschrieben, demo-duliert werden. Die Umwandlung in PDM wird durch den Einsatz eines Doppelbegrenzers zur Reduzierung von Rauscheinflüssen und eines Flip-flops erzielt, das von einer Referenzimpulsfolge (abgeleitet von der einlaufenden PPM-Impulsfolge) synchronisiert wird, siehe Bild 6.18. Der Doppelbegrenzer ist ein Begrenzer, der bei zwei Schwellwertpegeln arbeitet und so nur den Teil der einlaufenden Impulse durchläßt, die zwischen den beiden Schwellen liegen. An seinem Ausgang liegt also eine Impulsfolge mit konstanter Amplitude und weniger Rauschen.

Bei PCM-Signalen müssen die codierten Impulsgruppen zunächst decodiert und dann expandiert werden, um die quantisierten Abtastwerte zu er-halten. Man benötigt also einen Decoder und einen Expander; die dann vorliegenden PAM-Signale werden tiefpaßgefiltert, um das analoge Si-gnal zurückzugewinnen. Bild 6.19 zeigt diese Technik.

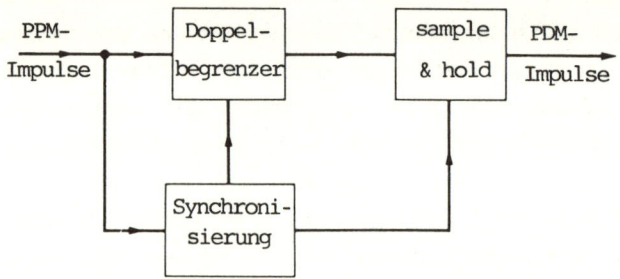

Bild   6.18   PPM zu PDM-Wandlung

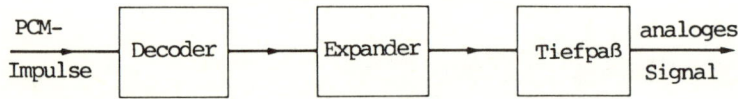

Bild   6.19   PCM-Demodulator

Beispiel 6.4

Erläutern Sie, wie Bandbegrenzung in einem digitalen Kommunikationssystem zu Intersymbolinterferenz führen kann. Nehmen Sie dazu an,
daß die höheren Frequenzanteile durch ein einfaches RC-Filter abge-
schnitten werden, definieren sie das Übersprechverhältnis und leiten
Sie einen Ausdruck dafür in Abhängigkeit von den Parametern des Filters und der Impulsfolge her. Berechnen Sie für den Fall, daß sechzehn
2-kHz-Kanäle mit der Mindestabtastrate abgetastet und gemultiplext
werden, das Übersprechverhältnis zwischen den Kanälen bei einem Wert
von $RC = 8 \cdot 10^{-7}$ s.

Lösung

In einem digitalen Kommunikationssystem können rechteckige oder quadratische Impulse eingesetzt werden, um die Symbole 0 oder 1 darzustellen. Die steilen Flanken machen eine hohe Bandbreite erforderlich.
Die zur Verfügung stehende Bandbreite ist jedoch begrenzt, um Interferenz zwischen benachbarten Funk- oder Kabelkanälen zu vermeiden.

Die Impulse werden also bei der Übertragung durch geeignete Filter
bandbegrenzt (Impulsformung). Hierdurch wird aber jeder Impuls ver-
breitert, so daß am Empfänger eine Überlappung benachbarter Impulse
auftreten kann, siehe Bild 6.20. Diese Überlappung ist bekannt als
Intersymbolinterferenz oder Übersprechen.

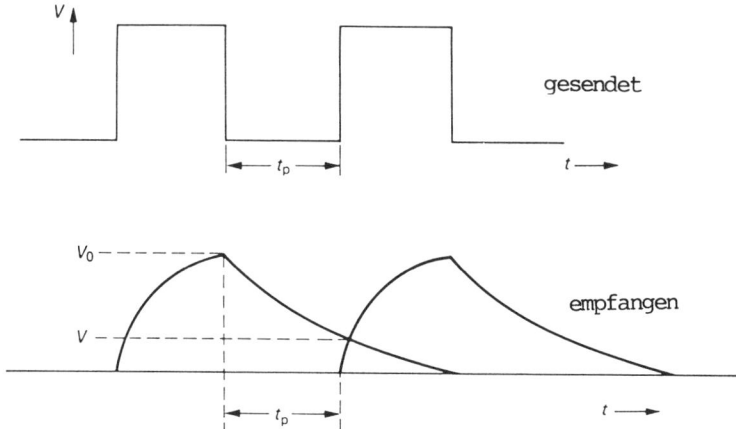

Bild 6.20   Zur Intersymbolinterferenz

Werden die hohen Frequenzen durch ein einfaches RC-Filter gedämpft,
so ergibt sich bei vorgegebener Maximalspannung V_o und Impulspause
t_p eine Überlappung bei der Spannung V. Es gilt

$$V = V_o e^{-t_p/(RC)}$$

$$\frac{V_o}{V} = e^{t_p/(RC)}$$

Das Übersprechverhältnis in dB ist definiert zu 8,686 ln (V_o/V), also
wird

$$\text{Übersprechdämpfung} = \frac{8{,}686 t_p}{RC} \text{ dB}$$

Die minimale Abtastfrequenz in jedem Kanal ist 2 · 2 kHz = 4 kHz.
Für 16 Kanäle wird damit die Abtastfrequenz 16 · 4 kHz = 64 kHz. Der
Einfachheit halber werden quadratische Impulse mit dem Tastverhältnis
1 angenommen. Man erhält

$$2t_p = 1/(64 \cdot 10^3)$$

oder
$$t_p = \frac{1}{(128 \cdot 10^3)} \simeq 8 \cdot 10^{-6} \text{s}$$

Für die gegebenen Zahlenwerte erhält man das gesuchte Verhältnis

$$\text{Übersprechdämpfung} = \frac{8.686 \cdot 8 \cdot 10^{-6}}{8 \cdot 10^{-7}} \approx 87 \text{ dB}$$

Anmerkung

Ein typischer Wert für dies Verhältnis ist 60 dB, deswegen kann in praktischen Systemen die Abtastfrequenz pro Kanal auf 5 kHz angehoben werden. Dann würde sich ein Übersprechverhältnis von 68 dB ergeben.

6.8 Digitale Demodulation   [3,41]

Die verschiedenen Methoden der digitalen Modulation, die in praktischen Systemen Anwendung finden, sind Frequenzumtastung (FSK), Phasenumtastung (PSK), Phasendifferenzumtastung (DPSK) und Quadraturphasenumtastung (QPSK), wie bereits früher in Abschnitt 5.11 beschrieben.

Um das digitale Signal am Empfänger zu demodulieren, setzt man sowohl kohärente als auch nichtkohärente Verfahren ein, und es wird mit signalangepaßten (matched) Filtern oder Korrelationsdetektion gearbeitet; außerdem wird eine Schwellwertentscheidung nach jedem Bitintervall T durchgeführt. Die Schwelle liegt optimal bei Null Volt, falls das Ausgangssignal entweder positiv oder negativ ist (bei sonst gleichem Betrag).

Kohärente Demodulation

Ein FSK-Demodulator mit Signaldetektion über matched Filter benötigt zwei signalangepaßte Filter, die auf die Frequenzen f_1 oder f_2 entsprechend "mark" und "space" abgestimmt sind. Die Ausgangssignale beider Filter werden subtrahiert, und es erfolgt eine Schwellwertentscheidung zur Zeit T nach jedem Bit. Ein positives Ausgangssignal bedeutet "mark" und ein negatives "space", wie in Bild 6.21(a) dargestellt.

Ein FSK-Demodulator mit Korrelationsdetektion verwendet empfängerseits
kohärente Signalfrequenzen f_1 und f_2 sowie Multiplizierer und Integrator. Die Integratorausgänge werden subtrahiert, und eine Schwellwertentscheidung zur Zeit T nach jedem Bit gibt an, ob "mark" oder "space"
gesendet wurde, siehe Bild 6.21.In beiden Fällen ist es notwendig,
den Bittakt am Empfänger aus dem einlaufenden Datenstrom zurückzugewinnen, um die Entscheidungslogik zum optimalen Zeitpunkt T nach jedem
Bit anzustoßen. Weiterhin müssen die Integratoren nach jedem Informa-
tionsbit zurückgesetzt werden.

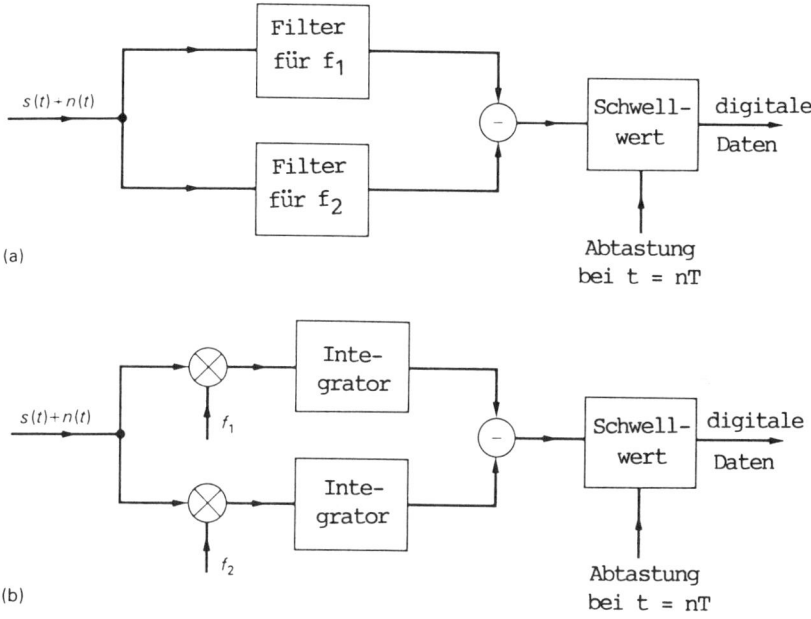

Bild 6.21   FSK-Demodulator mit matched Filter (a) und Korrelator (b)

Bei PSK-Demodulatoren werden ebenfalls signalangepaßte Filter oder
Korrelatoren ähnlich wie bei FSK eingesetzt. Jedoch ist das signalangepaßte Filter schwer zu realisieren, genaue Abtastung ist schwierig
zu erreichen, und die Impulsverformung aufgrund der Kanalübertragungs-
funktion kann Intersymbolinterferenz am Filterausgang verursachen.
Die matched Filter können Transversalfilter oder Oberflächenwellen-
filter sein.

Da die Korrelationsdetektion die Multiplikation mit einem Signal in
Phase oder in Gegenphase einschließt, ist nur ein Referenzsignal am

Empfänger erforderlich. Falls Träger und Referenz in Phase sind, wurde
"mark" gesendet, andernfalls "space". Wie oben bestimmt der Schwell-
wert des Entscheiders, welches Zeichen gesendet wurde. Bild 6.22 zeigt
die Blockschaltungen.

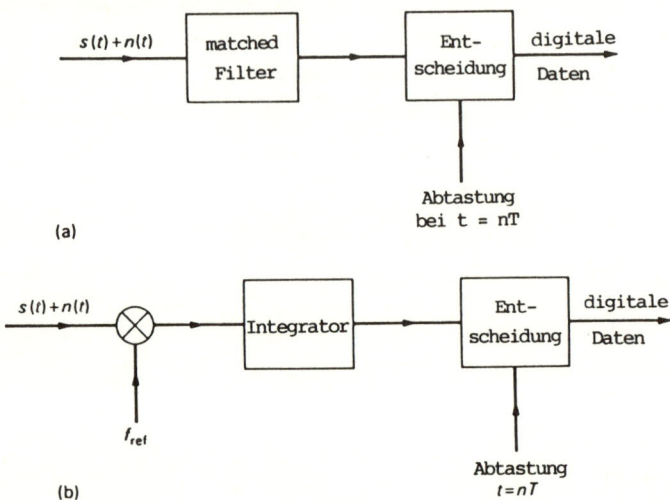

Bild 6.22 PSK-Demodulator mit matched Filter (a) und Korrelator (b)

Bei den Korrelationsdetektoren für FSK und PSK muß gute Synchronisation zwischen empfangenem und Referenzsignal bestehen. Ein relativer
Phasenfehler von 25° verursacht einen Verlust im Signal-Rauschverhältnis von ca. 1 dB im Vergleich zum perfekt synchronisierten System.
Der Zeitpunkt des Entscheidungsimpulses ist weniger kritisch als bei
Verwendung von matched Filtern, da der Integrator im ungestörten Fall
bis dahin einen linearen Spannungsanstieg hat. Der Integrator wird
dann nach jeder Entscheidung auf Null zurückgesetzt (dumped), man
nennt ihn daher auch "integrate and dump"-Filter.

Bei einem DPSK-Demodulator wird jedes Bit als Referenz für das folgende Bit verwendet, es muß also durch ein Verzögerungsglied mit der
Verzögerungszeit = Bitdauer am Empfänger gespeichert werden. Dann
folgen Korrelationsdetektor und Entscheidungslogik, wie vorher beschrieben. Ein Blockschaltbild zeigt Bild 6.23.

Bei QPSK-Demodulation wird ebenfalls ein Korrelationsempfänger verwendet. Jede der vier übertragenen Signalformen könnte ihre eigene syn-

chrone Referenz haben, und empfängerseits wird mit jeder dieser Refe-
renzen unabhängig voneinander korreliert. Der Korrelator, dessen Ausgangssignal am größten ist, definiert das empfangene Signal.

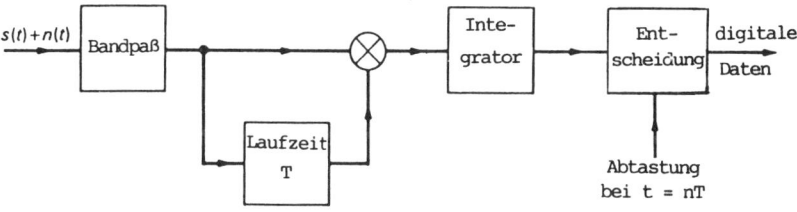

Bild 6.23 DPSK-Demodulator

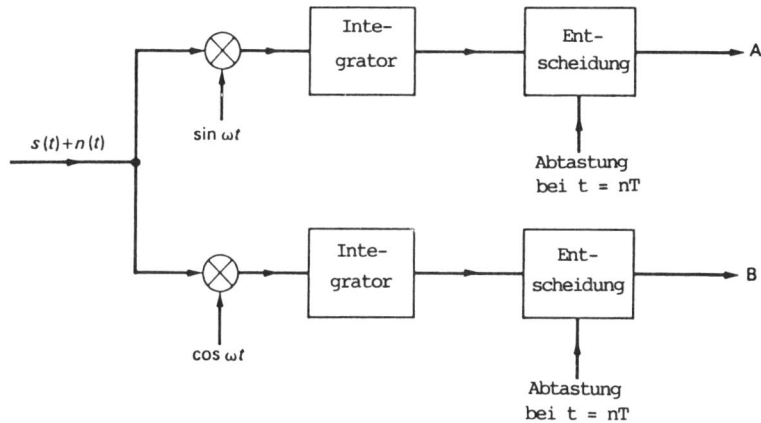

Bild 6.24 QPSK-Demodulator

Eine andere Detektorkonfiguration zeigt das Bild 6.24. Jeder empfangene Signalimpuls wird in seine beiden Quadraturkomponenten zerlegt,
und die Vorzeichen der beiden Komponenten definieren das empfangene
Datenwort. Die Signalspannung an jedem Ausgang ist um den Faktor $1/\sqrt{2}$
reduziert im Vergleich zum vorher behandelten 2-PSK-Korrelationsemp-
fänger. Es muß also bei gegebener Bitrate für ein Ansteigen des Signal-Rauschverhältnisses um 3 dB gesorgt werden, damit die gleiche
Bitfehlerrate wie beim 2-PSK-System vorliegt. Tabelle 6.1 zeigt die
Ausgangssignale.

Nichtkohärente Demodulation

Die meisten praktischen Systeme verwenden nichtkohärente FSK-Demodula-
toren, siehe Bild 6.25. Zwei Bandpaßfilter, deren Bandbreite in etwa

dem Reziprokwert der Bitrate entsprechen, kommen zur Anwendung. Die
Filterausgangssignale werden je einem Hüllkurvendetektor zugeleitet
und die Hüllkurvenamplituden nach jedem empfangenen Signalimpuls verglichen.

Tabelle 6.1	Eingangsimpuls	Ausgang A	Ausgang B
	$\sin(\omega t + 45^{\circ})$	1	1
	$\sin(\omega t + 135^{\circ})$	0	1
	$\sin(\omega t + 225^{\circ})$	0	0
	$\sin(\omega t + 315^{\circ})$	1	0

Der optimale nichtkohärente Empfänger besteht aus matched Filtern
gefolgt von Hüllkurvendetektoren. Dieser Detektor ist dann nicht dem
Signal selbst, sondern der Einhüllenden des Signals angepaßt. Die Trägerphase hat keine Bedeutung bei der Definition der Einhüllenden,
und deswegen wird bei der nichtkohärenten Detektion keine Phaseninformation benötigt. Benutzt man statt der matched Filter normale Bandpäs-
se, so ergibt sich ein Abfall im Signal-Rauschverhältnis von 1 - 2
dB, jedoch ist die Schaltung einfacher.

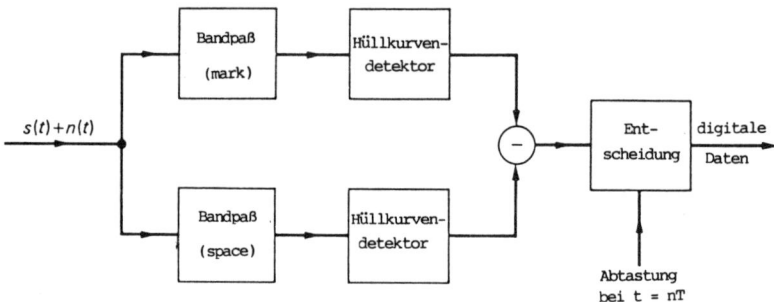

Bild 6.25 Nichtkohärenter FSK-Demodulator

Anmerkungen

1. Kohärente DPSK und nichtkohärente FSK sind populäre Datenübertra-
   gungsmethoden. DPSK ist aufwendiger in der Realisation, wird
   aber vorgezogen, wenn Bandbreiteneffizienz wichtig ist.
2. Details zur Bitfehlerrate (BER) findet man an anderer Stelle [3].

Aufgaben

1. Legen Sie die Vorteile einer Einseitenbandübertragung dar, und
   zeigen Sie mit Hilfe von Diagrammen, wie dies Verfahren zur Frequenzmultiplexübertragung von Telefonkanälen eingesetzt wird
   (Trägerfrequenztechnik). Erklären Sie, warum im allgemeinen
   mehrere Modulationsstufen verwendet werden.
   In einem Sender sei die Modulationstiefe 100 %. Nach der Modula-
   tionsstufe werde die Trägerkomponente um 20 dB reduziert. Der
   reduzierte Träger und eins der Seitenbänder werden schließlich
   an die Endstufe weitergereicht. Bestimmen Sie den Pegel des Ori-
   ginalträgers, falls die maximale Eingangsleistung der Endstufe
   auf 2 W begrenzt ist.

2. Die Ausgangsleistung einer anodenmodulierten AM-Senderendstufe
   ist 1 kW. Der Wirkungsgrad der Endstufe ist 70 %, die Modulationstiefe 0,5 und der Wirkungsgrad des Modulationsverstärkers
   55 %. Berechnen Sie
   (a) die an der Anode der Endstufe erforderliche Modulations-
       leistung,
   (b) die Anodenverlustleistung der Modulatorstufe.

3. Beschreiben Sie, wenn nötig mit Skizzen, wie Amplitude und Frequenz eines modulierenden Signals übermittelt werden bei
   (a) Amplitudenmodulation,
   (b) Frequenzmodulation.
   Diskutieren Sie kurz die Vor- und Nachteile von FM im Vergleich
   zu AM bei einem VHF-Übertragungssystem. Die HF-Bandbreite eines
   FM-Senders sei 80 kHz, wenn ein NF-Ton mit 6 kHz an seinem Modu-
   lationseingang liegt. Welche Bandbreite ist erforderlich, wenn
   der NF-Ton in seinem Pegel um 6 dB reduziert wird?

4. Vergleichen Sie eine Schmalband-FM-Schwingung mit einer AM-
   Schwingung, die beide die gleiche Trägerleistung haben, und arbeiten Sie die Unterschiede heraus.
   Die Modulation eines FM-Senders wird dadurch erreicht, daß man
   die Abstimmkapazität eines Oszillators variiert, der auf eine

mittlere Frequenz von 3 MHz abgestimmt ist. Die Spule des Para-
lelkreises hat 10 µH. Das modulierte Signal wird auf 60 MHz vervielfacht und hat dann einen Hub von 200 kHz. Bestimmen Sie die
Kapazitätsänderung, die durch das modulierende Signal hervorge-
rufen werden muß.

5. Erläutern Sie die Bedeutung der folgenden Begriffe, die im Zu-
    sammenhang mit der FM-Modulation stehen:
    (a) Modulationsindex,
    (b) Frequenzhub und
    (c) Hubverhältnis.
    Ein bestimmter FM-Sender habe den Modulationsindex 6 und die
    Nennbandbreite 140 kHz. Wie groß ist der Frequenzhub?
    Erläutern Sie, welchen Einfluß die Änderung des Hubs eines FM-
    Systems auf das Ausgangssignal eines Empfängers hat, das von
    einem interferierenden Signal stammt, dessen Freqenz in der Nähe
    der des Nutzsignals liegt.

6. Beschreiben Sie das Prinzip der Varaktordiode detailiert mit
    Hilfe von Diagrammen. Geben Sie einen Näherungsausdruck für den
    Zusammenhang zwischen Kapazität und angelegter Spannung für diese
    Diode. Geben Sie die Größenordnung der im allgemeinen erzielbaren
    Kapazitätsvariation an.

7. Zeigen Sie, daß ein Übertragungssystem mit FM-Modulation eine
    Verbesserung im Signal-Rauschverhältnis im Vergleich zu einem
    AM-System aufweist. Legen Sie die Bedingungen des Vergleichs
    und die Annahmen dar. Skizzieren Sie das ausgangsseitige Signal-
    Rauschverhältnis als Funktion des eingangsseitigen Signal-Rausch-
    verhältnisses für beide Fälle, und erklären Sie Besonderheiten
    der Kurven.

8. (a) Erklären Sie den Unterschied zwischen Frequenz- und Phasen-
         modulation.
    (b) Ein Träger sei mit einem Modulationssignal von 1 kHz phasen-
         moduliert, und der Phasenhub sei 5 rad. Nun werde die Fre-
         quenz auf 5 kHz geändert bei sonst konstanter Amplitude.
         Berechnen Sie für diesen Fall
         (I)   den Phasenhub des Trägers und
         (II) den Frequenzhub des Trägers.

(c)   Die Spannung einer frequenzmodulierten Schwingung ist

$$V = 5 \sin(2\pi\ 10^8 t - 20 \cos 4\pi\ 10^3 t) \text{ Volt}$$

Erläutern Sie, welche Bandbreite praktisch benötigt wird und geben Sie einen Zahlenwert an.

9.   Diskutieren Sie die Beziehung zwischen einer phasen- und einer frequenzmodulierten Schwingung. Leiten Sie Ausdrücke für die Zeitfunktion des phasen- und frequenzmodulierten Signals her, wenn das modulierende Signal die Form $V_m \cos \omega_m t$ hat. Ein Signal $v(t) = 0,1 \cos(2\pi \cdot 10t)$ wird benutzt, um einen 1 MHz Träger zu modulieren. Die maximale Frequenzabweichung durch dieses modulierende Signal ist 100 Hz. Welche Empfängerbandbreite ist erforderlich?
Rechtfertigen Sie die notwendigen Annahmen, und erklären Sie, warum die gleiche Berechnungsmethode bei 500 Hz Modulationsfrequenz auf ein falsches Ergebnis führen würde.

10.   Geben Sie ein Blockschaltbild für die Erzeugung von Abtastwerten aus einem analogen Basisbandsignal an. Empfehlen Sie mit Begründung eine praktikable Zeitdauer für jeden Abtastwert, falls die höchste Basisbandfrequenz 15 kHz ist. Beweisen Sie, daß die Abtastrate mindestens 30 kHz sein muß, und erläutern Sie die Art der Verzerrung, die man mit Alias-Effekt bezeichnet.
Geben Sie die Prinzipien von zwei Interpolationsmethoden an, die für die Rückgewinnung des analogen Signals aus der Abtastinformation Verwendung finden, und skizzieren Sie jeweils ein Blockschaltbild hierfür.

11.   Beschreiben Sie kurz die Grundprinzipien eines Zeitmultiplexsystems zur Nachrichtenübertragung.
Erläutern Sie den Einfluß von Interkanalübersprechen in einem Pulssystem auf
(a)   Amplitudenverzerrungen und
(b)   Phasenverzerrungen.
Mehrere Sprachkanäle sollen über einen Funkkanal mittels Puls-Phasen-Modulation übertragen werden. Schätzen Sie unter Verwendung der weiter unten angegebenen Daten ab, wieviel Kanäle maximal übertragbar sind.

Abtastfrequenz eines Kanals	8 kHz
Impulsbreite	2 µs
Impulsverschiebung	± 3 µs
Minimaler Impulsabstand zum Nachbarkanal	2 µs

12. Erklären Sie im einzelnen die Prinzipien der Puls-Code-Modulation. Beschreiben Sie eine Methode, mit der aus dem analogen Signal ein PCM-Signal erzeugt werden kann, um es über ein Kommunikationsnetzwerk zu übertragen, und mit der am anderen Ende daraus wieder das Analogsignal gewonnen werden kann.
Diskutieren Sie, ob sich durch die Verwendung eines Doppelbegrenzers oder Begrenzerverstärkers ein Vorteil ergibt.

13. Zwölf 4 kHz breite Kanäle sollen gemultiplext und über eine PCM-Strecke übertragen werden. Das Verhältnis von Signal- zu Quantisierungsrauschpegel soll besser als 30 dB sein, und lineare Quantisierung soll verwendet werden. Geben Sie ein Blockschaltbild des Modulationssystems an, und schätzen Sie die Mindestbandbreite ab. Warum ist die obengenannte Quantisierungsmethode bei Anwendung auf Sprache unrealistisch? Wie wird Sprache im praktischen System effizient quantisiert?

14. Diskutieren Sie die Vorteile der Deltamodulation, und erklären Sie genau den Unterschied zur Pulsmodulation.
Zeichnen Sie ein Blockdiagramm eines Deltamodulationssystems, und beschreiben Sie die Funktion jedes einzelnen Blocks.

15. Leiten Sie einen Ausdruck für das Signal-Quantisierungsrauschverhältnis eines Deltamodulationssystems her in Abhängigkeit vom Eingangssignal $f(t)$, der höchsten modulierenden Frequenz f_m und der Abtastfrequenz f_s. Was für Annahmen werden gemacht? Berechnen Sie das Verhältnis im Falle eines Sprachsignals mit $f_m = 3,4$ kHz und $f_s = 32$ kHz.

16. Zeichnen Sie das Blockschaltbild eines Superhetempfängers. Diskutieren Sie kurz die Faktoren, die die Wahl der Zwischenfrequenz beeinflussen.
Entwerfen Sie einen Hüllkurvendetektor mit Diode, der bei einem Träger von 500 kHz bei maximaler Modulationstiefe von 80 % ver-

zerrungsfrei arbeitet.

Zeichnen Sie die Schaltung des Detektors, die auch zeigt, wie die Ankopplung an die erste NF-Verstärkerstufe vorgenommen wird. Weisen Sie allen wichtigen Komponenten Zahlenwerte zu, und nennen Sie die Grenzbedingung dafür, daß die Ausgangsspannung der Einhüllenden nicht mehr folgen kann (diagonal clipping).

17. Amplitudenmodulation wird gegenüber Einseitenbandmodulation bei Staats- oder Landesrundfunk vorgezogen. Nennen Sie Für und Wieder, und verwenden Sie, falls nötig, einfache Gleichungen. Gibt es tontechnische Gründe dafür, im Lichte der schnell fortschreitenden Entwicklung integrierter Schaltungen betrachtet, daß man auf eine Änderung der Situation wartet?

18. Ein AM-Signal wird mit 100 kW Trägerleistung und 18 kW Seitenbandleistung gesendet. Die NF-Bandbreite eines AM-Empfängers ist 4 kHz und die mittlere empfangene Rauschleistungsdichte ist 10^{-3} W/Hz. Wie groß ist das Signal-Rauschverhältnis am Ausgang des Hüllhurvedetektors? Nehmen Sie ein sinusförmiges Modulationssignal an.

Wie würde sich das Verhältnis ändern, falls DSBSC-Übertragung vorliegt? Nehmen Sie gleiche Sendeleistung für beide Systeme an.

19. Ein Signal f(t) = 10 sin 2000t wird durch Zweiseitenband-AM mit unterdrücktem Träger (DSBSC) übertragen. Auf dem Übertragungsweg überlagert sich dem Siganl weißes Gaußrauschen mit einer Leistungsdichte von 10^{-3} W/Hz. Besimmen Sie das Signal-Rauschverhältnis am Demodulatorausgang, wenn der Empfänger einen Synchrondemodulator benutzt (100 % Modulationstiefe angenommen).

20. Skizzieren Sie den Zusammenhang zwischen ausgangs- und eingangsseitigem Signal-Rauschverhältnis für jeweils den synchronen und den linearen Detektor. Erklären Sie die Unterschiede. Schildern Sie im einzelnen die anderen Hauptunterschiede der Schaltungen und wie diese die verschiedenen Anwendungen beeinflussen.

21. Die dB-Werte des Verhältnisses Energie pro bit zu Rauschleistungsdichte sind 9,5 und 12,5 für kohärente PSK bzw. kohärente FSK bei einer bestimmten Fehlerwahrscheinlichkeit. Unter Verwendung

der Näherung

$$\mathrm{erfc}\,(x) \simeq \frac{1}{\sqrt{\pi}x}\,e^{-x^2}$$

sollen die entsprechenden Werte für

(a) DPSK und

(b) nichtkohärente FSK bestimmt werden.

Lösungen

1. 7,7 W

2. 159 W,   130 W

3. 46 kHz

4. 3,74 pF

5. 60 kHz

   Das Interferenzsignal am Ausgang verringert sich, wenn man den Hub erhöht.

6. $C \sim 1/\sqrt{V}$

7. Typischerweise 5 pF bis 15 pF pro Volt

8. 1 rad,   5 kHz,   84 kHz

9. $B = 2(\Delta f + f_m) = 220$ Hz   (Breitband-FM)

   $B = 2f_m = 1$ kHz   (Schmalband-FM)

10. 2µs bei einem 8-bit PCM-Code und $S/N_q > 30$ dB

   Bei Abtastsignalen können sich Seitenfrequenzen in der Nähe der Abtastfrequenz zurückfalten und in das Basisband fallen, falls die Abtastfrequenz zu niedrig ist. Diese Alias-Komponenten verursachen Verzerrungen.

   Die beiden gebräuchlichen Interpolationsmethoden sind direkte Tiefpaßfilterung oder Abtast- und Halteglied mit Filter

11. 12 Kanäle

12. Der Einsatz eines Begrenzers verbessert das ausgangsseitige Signal-Rauschverhalten und reduziert digitale Fehler.

13. 336 kHz bei 672 kbit/s

   Die Sprachsignalamplituden sind meist klein; deswegen ist die nichtlineare Quantisierung realistischer.

15. $\dfrac{S}{N_q} = \dfrac{3f_s}{\sigma^2 f_m} \cdot \overline{f^2(t)}$ wobei σ die Stufenhöhe ist.

   $\dfrac{S}{N_q} = \dfrac{3}{4\pi^2}(f_s/f_m)^3 \simeq 18$ dB   für sinusförmiges Eingangssignal

18. 36 dB,   8 dB Verbesserung

19. 25 dB

21. 10,2 dB,   13,4 dB

Anhang

Anhanhg A: Hilberttransformation   [42]

Wenn s(t) irgendein reelles modulierendes Signal ist, sei die Hilbert-transformierte von $\hat{s}(t)$ mit s(t) bezeichnet. Sie ist gegeben durch

$$\hat{s}(t) = \frac{1}{\pi} \int_{-\infty}^{+\infty} \frac{s(\tau)}{(t - \tau)} \, d\tau$$

wobei τ eine beliebige Verzögerungsvariable ist und man $\hat{s}(t)$ physicalisch dadurch erhält, daß man alle Frequenzkomponenten von s(t) durch ein breitbandiges Phasenschiebernetzwerk, das auch als Hilbert-Transformator bekannt ist, um 90° dreht.

Der Ausdruck für $\hat{s}(t)$ entspricht außerdem der Faltung der beiden Funktionen $1/(\pi t)$ und s(t) im Zeitbereich und kann geschrieben werden als

$$\hat{s}(t) = \frac{1}{\pi t} * s(t)$$

wobei der Stern * die Faltung bedeutet. Sind nun $F(\omega)$ und $\hat{F}(\omega)$ die Fouriertransformierten von s(t) bzw. $\hat{s}(t)$, so läßt sich, da Faltung im Zeitbereich einer Multiplikation im Frequenzbereich entspricht, schreiben

$$\hat{F}(\omega) = - j \, \text{sgn}(\omega) \, F(\omega)$$

wobei $-j \, \text{sgn}(\omega)$ die Fouriertransformierte von $1/(\pi t)$ darstellt und $\text{sgn}(\omega)$ die Signumfunktion, die definiert ist (siehe Bild A.1)

$$f(\omega) = \text{sgn}(\omega) = 1 \quad \omega > 0$$
$$f(\omega) = \text{sgn}(\omega) = 0 \quad \omega = 0$$
$$f(\omega) = \text{sgn}(\omega) = - 1 \quad \omega < 0$$

Analytisches Signal

Die Hilberttransformation kann benutzt werden, um ein analytisches Signal S(t) darzustellen, das definiert ist

$$S(t) = s(t) + j\hat{s}(t)$$

oder $$S(t) = |S(t)| \, e^{j\phi(t)}$$

wobei $|S(t)| = \sqrt{s^2(t) + \hat{s}^2(t)}$ und $\phi(t) = \text{arc tan}(\hat{s}(t)/s(t))$

mit $s(t) = \text{Re}(S(t))$ und $\hat{s}(t) = \text{Im}(S(t))$

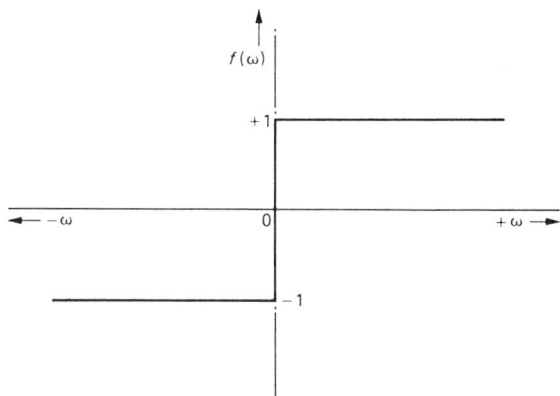

Bild   A.1   Signumfunktion

Das analytische Signal ist eine komplexe Signaldarstellung, deren
Real- und Imaginärteil ein Hilbert-Transformations-Paar bilden. Diese
Darstellung ist hilfreich beim Studium der Modulationstheorie, z. B.
der Analyse von SSBSC-Signalen.

SSBSC-Signal

Ist s(t) ein modulierendes Signal und $\sin \omega_c t$ ein Träger, so erzielt
man mit der Phasenmethode zur Erzeugung eines SSBSC-Signals als Ausgangssignal

$$v_o(t) = s(t) \sin \omega_c t + \hat{s}(t) \cos \omega_c t$$

mit $\hat{s}(t) = j\, s(t)$ wegen des 90°-Phasenschiebernetzwerks. Im Falle
der Eintonmodulation ist $s(t) = \sin \omega_m t$ und $\hat{s}(t) = \cos \omega_m t$, also

$$v_o(t) = \sin \omega_c t \sin \omega_m t + \cos \omega_c t \cos \omega_m t$$

$$= \cos(\omega_c - \omega_m)t$$

Dies ist ein SSBSC-Signal (unteres Seitenband). Das SSBSC-Signal kann
also auch durch das analytische Signal S(t) ausgedrückt werden

$$v_o(t) = \mathrm{Re}\left(S(t)\, e^{j\omega_c t}\right)$$

$$= \mathrm{Re}\left(|S(t)|\, e^{j(\omega_c t \pm \phi(t))}\right)$$

wenn man annimmt, daß Träger und modulierendes Signal cos-förmig sind.

Anmerkung

Diese Darstellung schließt die Benutzung beider, der Amplituden- und

der Phaseninformation ein. $|S(t)|$ beschreibt die Einhüllende und
$\phi(t)$ die Phasenlage des Signals. Es besteht also am Empfänger die Not-
wendigkeit, genaue Phasen- und Frequenzinformation zu haben, damit
korrekt demoduliert werden kann. Weiterhin ist in der Darstellung
für $v_0(t)$ der rotierende Zeiger zu erkennen.

Anhang B: Frequenzmodulation

Eine FM-Trägerschwingung kann dargestellt werden durch

$$v_c = V_c \sin(\omega_c t - m_f \cos \omega_m t)$$

$$= V_c \left(\sin \omega_c t \cos(m_f \cos \omega_m t) - \cos \omega_c t \sin(m_f \cos \omega_m t) \right)$$

Weiterhin kann gezeigt werden, daß gilt

$$\cos(m_f \cos \omega_m t) = J_0(m_f) - 2J_2(m_f) \cos 2\omega_m t + 2J_4(m_f) \cos 4\omega_m t - \ldots$$

$$\sin(m_f \cos \omega_m t) = 2J_1(m_f) \cos \omega_m t - 2J_3(m_f) \cos 3\omega_m t + \ldots$$

Also wird $v_c = V_c(\sin \omega_c t \{ J_0(m_f) - 2J_2(m_f) \cos 2\omega_m t + 2J_4(m_f) \cos 4\omega_m t + \ldots \}$

$$- \cos \omega_c t \{ 2J_1(m_f) \cos \omega_m t - 2J_3(m_f) \cos 3\omega_m t + \ldots \})$$

$$= V_c (J_0(m_f) \sin \omega_c t - 2J_1(m_f) \cos \omega_c t \cos \omega_m t - 2J_2(m_f) \sin \omega_c t \cos 2\omega_m t$$

$$+ 2J_3(m_f) \cos \omega_c t \cos 3\omega_m t + 2J_4(m_f) \sin \omega_c t \cos 4\omega_m t + \ldots)$$

Da $2\cos A \cos B = \cos(A + B) + \cos(A - B)$

und $2\sin A \cos B = \sin(A + B) + \sin(A - B)$

gilt $v_c = V_c(J_0(m_f) \sin \omega_c t - J_1(m_f) \{ \cos(\omega_c + \omega_m)t + \cos(\omega_c - \omega_m)t \}$

$$- J_2(m_f) \{ \sin(\omega_c + 2\omega_m)t + \sin(\omega_c - 2\omega_m)t \}$$

$$+ J_3(m_f) \{ \cos(\omega_c + 3\omega_m)t + \cos(\omega_c - 3\omega_m)t \}$$

$$+ \ldots)$$

für ein modulierendes Signal $v_m = V_m \sin \omega_m t$.

Anmerkungen

1.   Es ist erkennbar, daß die Seitenbandpaare abwechselnd in Quadra-
     tur oder in Phase mit dem Träger sind.

2.   Für ein modulierendes Signal $v_m = V_m \cos \omega_m t$ kann gezeigt werden,
     daß die FM-Trägerschwingung lautet

$$v_c = V_c(J_0(m_f) \sin \omega_c t + J_1(m_f) \{ \sin(\omega_c + \omega_m)t - \sin(\omega_c - \omega_m)t \}$$

$$+ J_2(m_f) \{ \sin(\omega_c + 2\omega_m)t + \sin(\omega_c - 2\omega_m)t \} + \ldots)$$

Einige Kurvenverläufe der Besselfunktionen $J_0(m_f), J_1(m_f)$ ... zeigt Bild A.2 und die Tabelle A.1 gibt einige Besselfunktionswerte.

Tabelle A.1

m	$J_0(m)$	$J_1(m)$	$J_2(m)$	$J_3(m)$	$J_4(m)$	$J_5(m)$	$J_6(m)$	$J_7(m)$	$J_8(m)$	$J_9(m)$	$J_{10}(m)$
0	1,000	–	–	–	–	–	–	–	–	–	–
0,2	0,990	0,099	0,005	–	–	–	–	–	–	–	–
0,4	0,960	0,196	0,019	0,001	–	–	–	–	–	–	–
0,6	0,912	0,286	0,043	0,004	–	–	–	–	–	–	–
0,8	0,846	0,368	0,075	0,010	0,001	–	–	–	–	–	–
1,0	0,765	0,440	0,114	0,019	0,002	–	–	–	–	–	–
2,0	0,223	0,576	0,352	0,128	0,034	0,007	0,001	–	–	–	–
3,0	-0,260	0,339	0,486	0,309	0,132	0,043	0,011	0,002	–	–	–
4,0	-0,397	-0,066	0,364	0,430	0,281	0,132	0,049	0,015	0,004	–	–
5,0	-0,177	-0,327	0,046	0,364	0,391	0,261	0,131	0,053	0,018	0,005	0,001
6,0	0,150	-0,276	-0,242	0,114	0,357	0,362	0,245	0,129	0,056	0,021	0,006
7,0	0,300	-0,004	-0,301	-0,167	0,157	0,347	0,339	0,233	0,128	0,058	0,023
8,0	0,171	0,234	-0,113	-0,291	-0,105	0,185	0,337	0,320	0,223	0,126	0,060
9,0	-0,090	0,245	0,144	-0,180	-0,265	-0,0055	0,204	0,327	0,305	0,214	0,124
10,0	-0,245	0,045	0,254	0,058	-0,219	-0,234	-0,014	0,216	0,317	0,291	0,207

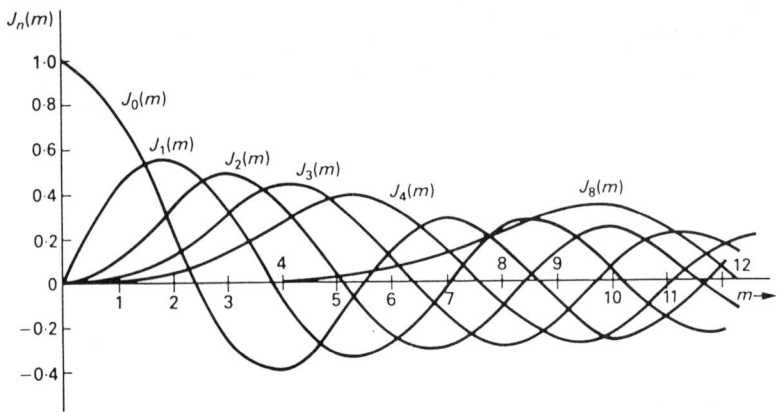

Bild A.2 Besselfunktionen

Anhang C: Preemphasis und Deemphasis

Die Anwendung von Preemphasis am Sender und Deemphasis am Empfänger
reduziert das empfangene Rauschen in AM- und FM-Systemen, jedoch bei
FM im stärkeren Maße. Ein typisches Deemphasisnetzwerk zeigt Bild
A.3(a) und die Übertragungsfunktion ist gegeben durch

$$\frac{v_o}{v_i} = \frac{1/j\omega C}{R + 1/j\omega C} = \frac{1}{1 + j\omega RC}$$

oder

$$|v_o| = \frac{|v_1|}{\sqrt{1 + \omega^2 R^2 C^2}}$$

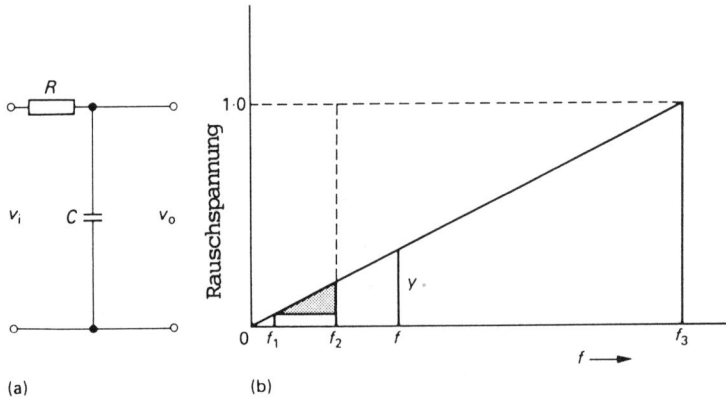

Bild A.3 Deemphasisnetzwerk und Rauschen bei FM

Man erhält eine Deemphasis von -6 dB/Oktave ab einer Eckfrequenz f_1 = $\omega_1/2$, wenn $\omega_1 RC = 1$ ist. Üblich ist RC = 50 µs, also $f_1 = 3,1$ kHz; alle Rauschanteilevon 3,1 bis 15 kHz werden also abgeschwächt. Dies ist als schattierte Fläche in Bild A.3(b) für FM dargestellt. Ein entsprechender Effekt ergibt sich auch bei AM; er ist aber in Bild A.3 nicht dargestellt. Normiert man auf $v_i = 1$ V, erhält man

$$|v_o|^2 = \frac{1}{1 + \omega^2 R^2 C^2} = \frac{1}{1 + \omega^2/\omega_1^2} = \frac{1}{1 + (f/f_1)^2}$$

und der Effekt der Deemphasis ist der, daß man die Ausgangsrauschleistung $|v_o|^2$ um den Faktor $1/(1 + (f/f_1)^2)$ bei AM und FM reduziert unter der Annahme, daß der Lastwiderstand $R_L = 1\ \Omega$ beträgt. Das neue Verhältnis der Rauschleistungen kann nun berechnet werden, wenn man die Zahlen $f_1 = 3,1$ kHz, $f_2 = 15$ kHz und $f_3 = 75$ kHz zugrundelegt.

AM-System:

Da bei R = 1 Ω die Rauschleistung gleich dem Quadrat der Rauschspannung ist, ergibt sich

$$\text{AM-Rauschleistung} = \int_o^{f_2} y^2 df = \int_o^{f_2} \frac{df}{1 + (f/f_1)^2} \quad (y = 1\ \text{Volt})$$

Um den Ausdruck zu integrieren, wird gesetzt $f/f_1 = x$ oder $f = xf_1$ und $df = f_1 dx$. Also wird

$$\text{AM-Rauschleistung} = f_1 \int_o^{f_2} \frac{dx}{x^2 + 1} = f_1 \left(\arctan x\right)_0^{f_2} = f_1 \arctan \frac{f_2}{f_1} = \frac{\pi f_1}{2}$$

da $\arctan f_2/f_1 \approx \pi/2$ falls $f_2 \gg f_1$.

FM-System:

$$\text{FM-Rauschleistung} = \int_o^{f_2} y^2 df = \int_o^{f_2} \left(\frac{f}{f_3}\right)^2 \frac{df}{1 + (f/f_1)^2} \quad \left(y = \frac{f}{f_3}\right)$$

$$= \frac{1}{f_3^2} \int_o^{f_2} \frac{f^2 df}{1 + (f/f_1)^2}$$

Setzt man $f/f_1 = x$ oder $f = xf_1$ mit $df = f_1 dx$ ergibt sich

$$\text{FM-Rauschleistung} = \frac{f_1^3}{f_3^2} \int_o^{f_2} \frac{x^2 dx}{x^2 + 1}$$

$$\text{FM-Rauschleistung} = \frac{f_1^3}{f_3^2}(\int_o^{f_2} dx - \int_o^{f_2} \frac{dx}{x^2 + 1})$$

$$= \frac{f_1^3}{f_3^2}(f_2/f_1 - \text{arc tan } f_2/f_1) \approx \frac{f_1^2 f_2}{f_3^2}$$

da f_2/f_1 arc tan f_2/f_1.

Also gilt $\dfrac{\text{AM-Rauschleistung}}{\text{FM-Rauschleistung}} = \dfrac{(\pi/2)f_1 \cdot f_3^2}{f_1^2 f_2} = \dfrac{\pi \, f_3^2}{2 \cdot f_1 f_2}$

$$= \frac{\pi \cdot (75 \cdot 10^3)^2}{2 \cdot 3,1 \cdot 10^3 \cdot 15 \cdot 10^3} = 190$$

oder etwa 6 dB.

Anhang D: Pulsmodulation

Die Ausdrücke für eine PDM- und eine PPM-Impulsfolge werden im folgenden unter der Annahme einer Eintonmodulation $v = \sin \omega_m t$ und einer
Abtastfrequenz $f_s = 1/T$ abgeleitet.

Pulsdauermodulation

Die unmodulierte Impulsfolge ist gegeben durch *

$$v_i(t) = \frac{\tau}{T} + \frac{2\tau}{T} \sum_{n=1}^{\infty} \frac{\sin(n\omega_s\tau/2)}{n\omega_s\tau/2} \cos n\omega_s t$$

$$= \frac{\tau}{T} + \sum_{n=1}^{\infty} \frac{2}{n\pi}\sin(n\omega_s\tau/2) \cos n\omega_s t$$

Falls die Impulsverbreiterung aufgrund des modulierenden Signals gege-
ben ist durch $(1 + m \sin \omega_m t)$, wobei $m = \Delta\tau/\tau$, gilt für die modulierte Impulsfolge

$$v_c(t) = \frac{\tau}{T}(1 + m \sin \omega_m t)$$

$$+ \sum_{n=1}^{\infty} \frac{2}{n\pi}\sin n\omega_s(\tau/2 + (m\tau/2)\sin \omega_m t) \cos n\omega_s t$$

---

* Siehe F. R. Connor: Signale, Vieweg 1986

$$= \frac{\tau}{T}(1 + m \sin \omega_m t)$$

$$+ \sum_{n=1}^{\infty} \frac{2}{n\pi} \cos n\omega_s t (\sin(n\omega_s \tau/2)\cos\{(mn\omega_s \tau/2)\sin \omega_m t\}$$

$$+ \cos(n\omega_s \tau/2)\sin\{(mn\omega_s \tau/2)\sin \omega_m t\})$$

$$= \frac{\tau}{T}(1 + m \sin \omega_m t)$$

$$+ \frac{2}{\pi}\cos \omega_s t (\sin(\omega_s \tau/2)\cos\{(m\omega_s \tau/2)\sin \omega_m t\}$$

$$+ \cos(\omega_s \tau/2)\sin\{(m\omega_s \tau/2)\sin \omega_m t\}) + \ldots$$

Wegen

$$\cos\{(m\omega_s \tau/2)\sin \omega_m t\} = J_o(m\omega_s \tau/2) + 2J_2(m\omega_s \tau/2) \cos 2\omega_m t + \ldots$$

$$\sin\{(m\omega_s \tau/2)\sin \omega_m t\} = 2J_1(m\omega_s \tau/2)\sin \omega_m t$$

$$+ 2J_3(m\omega_s \tau/2)\sin 3\omega_m t + \ldots$$

gilt

$$v_c(t) = \frac{\tau}{T}((1 + m \sin \omega_m t)$$

$$+ \frac{2}{\pi}\cos \omega_s t (\sin(\omega_s \tau/2)\{J_o(m\omega_s \tau/2) + 2J_2(m\omega_s \tau/2) \cos 2\omega_m t + \ldots\}$$

$$+ \cos(\omega_s \tau/2)\{2J_1(m\omega_s \tau/2)\sin \omega_m t + 2J_3(m\omega_s \tau/2)\sin 3\omega_m t + \ldots\})$$

$$+ \ldots$$

Da

$$2 \cos A \cos B = \cos(A + B) + \cos(A - B)$$

und

$$2 \cos A \sin B = \sin(A + B) - \sin(A - B)$$

gilt

$$v_c(t) = \frac{\tau}{T} + \frac{m\tau}{T} \sin \omega_m t + \frac{2}{\pi}\sin(\omega_s \tau/2)J_o(m\omega_s \tau/2)\cos \omega_s t$$

$$+ \frac{2}{\pi} \cos(\omega_s \tau/2)J_1(m\omega_s \tau/2)\{\sin(\omega_s + \omega_m)t - \sin(\omega_s - \omega_m)t\}$$

$$+ \frac{2}{\pi} \sin(\omega_s \tau/2)J_2(m\omega_s \tau/2)\{\cos(\omega_s + 2\omega_m)t + \cos(\omega_s - 2\omega_m)t\}$$

$$+ \ldots$$

Da die Besselfunktionen $J_0(m\omega_s\tau/2)$, $J_1(m\omega_s\tau/2)$ usw. in ihrer Form denen bei einer PM-Schwingung also $J_0(\Delta\phi)$, $J_1(\Delta\phi)$ usw., gleichen, entspricht der Ausdruck für $v_c(t)$ einer phasenmodulierten Schwingung.

Pulsphasenmodulation

Die unmodulierte Impulsfolge sei

$$v_i(t) = \tau f_s + \sum_{n=1}^{\infty} \frac{2}{n\pi} \sin(n\pi f_s \tau)\cos n\phi_s$$

wobei $f_s = 1/T$ und $\phi_s = \omega_s t$.

Durch das modulierende Signal wird die Mitte eines jeden Impulses verschoben und zwar um $\Delta t \sin \omega_m t$ oder $mT \sin \omega_m t$ mit $m = \Delta t/T$. Folglich kann die modulierte Impulsfolge als eine Abtastung mit nicht gleichförmigem Abtastintervall aufgefaßt werden, bei der die Abtastfrequenz $f_s(t)$ nun eine Funktion der Zeit darstellt. Die Abtastphase $\phi_s(t)$ eines beliebigen Impulses ist also gegeben durch

$$\phi_s(t) = \omega_s(t + \Delta t \sin \omega_m t)$$

mit
$$f_s(t) = \frac{1}{2\pi} \frac{d\phi_s(t)}{dt} = f_s(1 + m\omega_m T \cos \omega_m t)$$

wobei $\Delta t = mT$ eine Konstante für ein gegebenes System ist.

Die modulierte Impulsfolge ist nun gegeben durch

$$v_c(t) = \tau f_s(1 + m\omega_m T \cos \omega_m t) + \sum_{n=1}^{\infty} \frac{2}{n\pi} \sin(n\pi f_s(t)\tau)\cos n\phi_s(t)$$

$$= \frac{\tau}{T} + m\omega_m \tau \cos \omega_m t$$

$$+ \sum_{n=1}^{\infty} \frac{2}{n\pi} \sin\left((n\omega_s\tau/2) + (n\omega_s\tau/2)m\omega_m T \cos \omega_m t\right)$$

$$\cdot \cos(n\omega_s t + mn\omega_s T \sin \omega_m t)$$

Also
$$v_c(t) \approx \frac{\tau}{T} + m\omega_m \tau \cos \omega_m t$$

$$+ \frac{2\tau}{T} \sum_{n=1}^{\infty} \frac{\sin(n\omega_s\tau/2)}{(n\omega_s\tau/2)}(1 + m\omega_m T \cos \omega_m t)\cos n(\omega_s t + \phi(t))$$

wobei $\phi(t) = m\omega_s T \sin \omega_m t$ und $(\omega_s\tau/2)$ sehr klein.

Der erste Term ist ein Gleichstromterm während der zweite mit der modulierenden Frequenz variiert. Der dritte Term repräsentiert, mit einem zusätzlichen Amplitudenfaktor, eine Summe von Oberwellen der Abtastfrequenz, die alle entsprechend $\phi(t)$ phasenmoduliert sind. Sind die Seitenfrequenzen der ersten PM-Schwingung von der Modulationsfrequenz genügend weit weg, so kann die Modulation durch Tiefpaßfilterung zurückgewonnen werden.

Anhang E: Spektrum der Zufallsfolge   [43]

Das Leistungsdichtespektrum einer binären Zufallsfolge ergibt sich unter Verwendung des Wiener-Kintchine-Theorems, das den Zusammenhang zwischen dem Leistungsdichtespektrum $S(\omega)$ und der Autokorrelationsfunktion $R(\tau)$ herstellt. Der Zusammenhang lautet

$$S(\omega) = \int_{-\infty}^{+\infty} R(\tau)\, e^{-j\omega\tau}\, d\tau$$

und
$$R(\tau) = \lim_{T \to \infty} \frac{1}{2T} \int_{-T}^{+T} f(t)\, f(t - \tau)\, dt$$

Darin ist $S(\omega)$ als Funktion der Kreisfrequenz ω und $R(\tau)$ als Funktion der Zeitverschiebung τ gegeben.

Die in Bild A.4 dargestellte binäre Zufallssequenz bestehe aus Bits der Dauer T Sekunden mit der Amplitude ± A. Außerdem sei die Sequenz kontinuierlich, die positiven und negativen Ausschläge treten zufällig und mit gleicher Wahrscheinlichkeit auf und so, daß aufeinander folgende statistisch unabhängig sind.

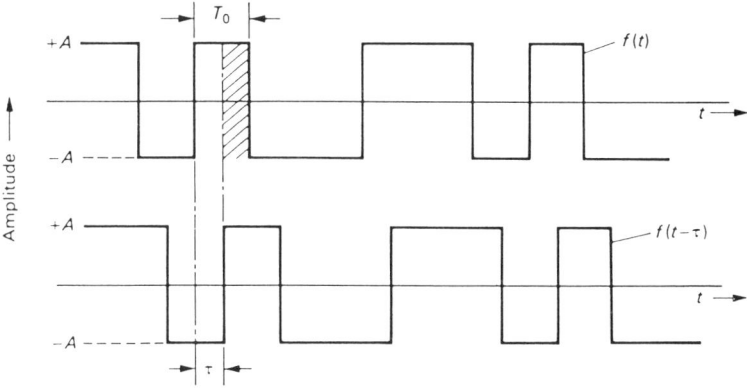

Bild A.4   Binäre Zufallssequenz

Für $|\tau| > T_o$ ist der Mittelwert von $f(t)\, f(t - \tau)$ Null, da der Augenblickswert dieses Produkts mit gleicher Wahrscheinlichkeit $+ A^2$ oder $- A^2$ ist. Für $|\tau| < T_o$ ergibt sich als Mittelwert von $f(t)\, f(t - \tau)$ der Wert der Fläche des sich überlappenden Teils eines der verschobenen Impulse, der sich aus obigem Bild zu $A^2(T_o - |\tau|)$ entnehmen läßt. Da außerdem in der Gleichung für $R(\tau)$ über 2T gemittelt wird und in deiser Zeiteinheit $2T/T_o$ Impulse auftreten, gilt

$$R(\tau) = 0 \quad \text{für } |\tau| > T_o$$

und
$$R(\tau) = \frac{2T}{T_o}\, \frac{A^2}{2T}(T_o - |\tau|)$$

$$= \frac{A^2}{T_o}(T_o - |\tau|) \quad \text{für } |\tau| < T_o$$

was in Bild A.5(a) dargestellt ist.

Das Leistungsdichtespektrum ist dann gegeben durch

$$S(\omega) = 2\int_{0}^{\infty} R(\tau)\, e^{-j\omega\tau}\, d\tau$$

Setzt man $R(\tau)$ ein und wertet für nur positive Frequenzen aus, wird

$$S(\omega) = \frac{2A^2}{T_o}\int_{0}^{T_o}(T_o - |\tau|)\, \cos \omega\tau\, d\tau$$

$$= \frac{2A^2}{\omega^2 T_o}\,(1 - \cos \omega T_o)$$

$$= A^2 T_o\, \frac{\sin^2(\omega T_o/2)}{(\omega T_o/2)^2}$$

Dies ist in Bild A.5(b) dargestellt.

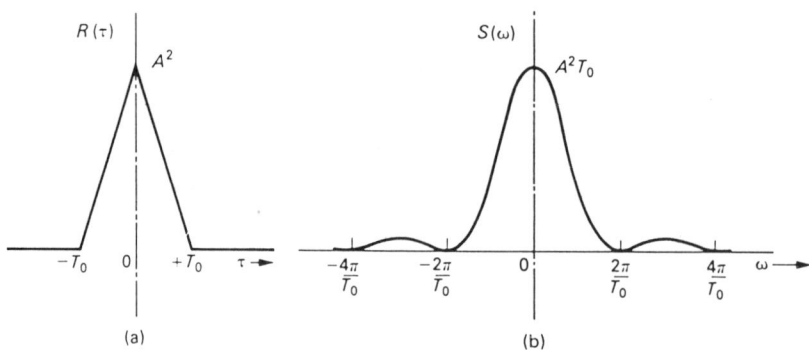

(a)   (b)

Bild A.5 Autokorrelation und Leistungsdichtespektrum
der binären Zufallssequenz

Anhang F: Empfänger

Die meisten Rundfunkempfänger arbeiten nach dem Superheterodyn- oder
Überlagerungs-Prinzip, bei dem das einlaufende Nutzsignal in eine
feste, meist niedrige Zwischenfrequenzlage (ZF) konvertiert wird.
Die ZF fällt in das Hochfrequenzspektrum, daher der Name Superhetero-
dynempfänger oder kurz Superhet.

Bei Rundfunkempfang wird meist eine einzige ZF benutzt; für empfind-
lichere Kommunikationsempfänger kommt generell ein Doppelsuperhet-

Empfänger zum Einsatz, bei dem zwei Zwischenfrequenzen verwendet werden. Verschiedene Empfänger werden entworfen, um entweder AM-, FM-
oder SSB-Signale zu empfangen. Obwohl es eine Reihe von Gemeinsamkeiten zwischen diesen Empfängern gibt, sind auch einige bemerkenswerte
Unterschiede vorhanden.

AM-Empfänger

Ein typischer Superhetempfänger für den Empfang von AM-Rundfunk ist
in Bild A.6 dargestellt. Die HF-Vorstufe fehlt in preiswerten Heimempfängern; bei teureren Exemplaren verbessern eine oder zwei HF-Stufen
die Empfindlichkeit.

Die einlaufende bzw. abgestimmte Empfangsfrequenz wird in der Mischstufe mit der Frequenz des Lokaloszillators gemischt, und die Differenzfrequenz wird als ZF am Ausgang dieser Stufe selektiert. Üblicherweise wird als ZF eine Frequenz von 455 - 465 kHz gewählt; und wegen
praktischer Vorteile liegt die Oszillatorfrequenz oberhalb der Empfangsfrequenz. Da die ZF eine feste Frequenz darstellt, müssen die
abgestimmten Kreise so entworfen sein, daß sie einander im Gleichlauf
folgen, wenn der Empfänger im Nutzband durchgestimmt wird.

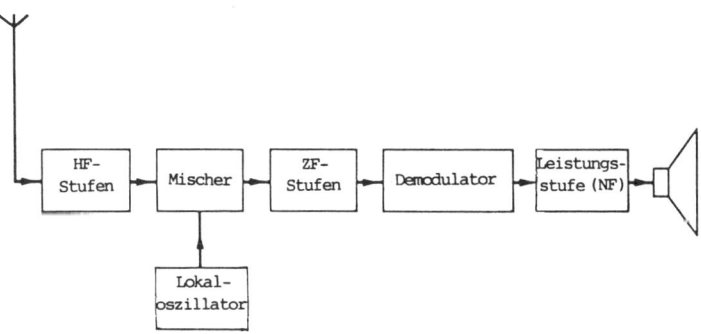

Bild A.6 AM-Empfänger

Das ZF-Signal wird in zwei bis drei ZF-Stufen mit Bandpaßcharakter
verstärkt, die so dimensioniert sind, daß nur die Spektralanteile
innerhalb der Nutzsignalbandbreite, die beispielsweise für verständ-
liche Sprache oder Musik von kommerzieller Qualität notwendig sind,

durchgelassen werden. Die Selektivität, also die Fähigkeit, Nachbarkanäle zu trennen, wird durch diese Stufen erreicht, ebenso die Ver-
stärkung, die benötigt wird, um den Demodulator mit einem ausreichen-
den Signalpegel anzusteuern.

Der Demodulator ist meist ein linearer Diodengleichrichter, der zum
linearen Betrieb und damit zur Vermeidung nichtlinearer Verzerrungen
speziell bei Musik eine ziemlich hohe Spannung (einige Volt) benötigt.
Das Ausgangssignal wird anschließend gefiltert und durch einen Leistungsverstärker, der einen passenden Lautsprecher ansteuern kann,
verstärkt.

In Standardempfängern sind verschiedene Zusatzeinrichtungen, wie z.
B. automatische Verstärkungsregelung, Lautstärkesteller und Wellen-
bereichsauswahl vorhanden.

In Spezialempfängern, beispielsweise für Kurzwellenfunk, wird das Dop-
pelsuperprinzip angewendet mit der ersten ZF bei etwa 1,6 MHz, um
eine gute Spiegelfrequenzunterdrückung zu erreichen, und der zweiten
ZF bei ca. 100 kHz, um gute Nachbarkanaltrennung zu erzielen. Eine
oder mehrer HF-Stufen sind ausnahmslos vorhanden, zusammen mit vielen
nützlichen Zusatzeinrichtungen, wie z. B. automatische Verstärkungsregelung, Bandbreitenumschaltung und Rauschbegrenzer. In manchen Spe-
zialfällen kann der Empfänger für AM- und FM-Empfang eingerichtet
sein; die erste ZF liegt dann bei 10,7 MHz und die zweite bei ca 465
kHz.

FM-Empfänger

Ein typischer FM-Empfänger für das VHF-Rundfunkband wird in Bild A.7
vorgestellt. Der Empfänger deckt das Band von 88 bis 108 MHz ab und
ist für high-fidelity Hörempfang mit einer Bandbreite von 15 kHz eingerichtet. Da der Frequenzdiskriminator ein größeres Eingangssignal
als der AM-Detektor benötigt, sind eine oder zwei HF-Stufen vor dem
Mischer vorzusehen. Gebräuchlich ist eine ZF von 10,7 MHz, und zwei
bis drei ZF-Stufen sind nötig, um den erforderlichen Signalpegel für
den Diskriminator bereitzustellen.

Wegen seiner guten Linearität wird häufig der Foster-Seeley-Diskriminator eingesetzt, dem ein Begrenzer vorangestellt ist. In preiswer-
teren Heimempfängern wird der Ratiodetektor verwendet, der zum ord-
nungsgemäßen Betrieb keinen extra Begrenzer benötigt. Das NF-Signal
am Ausgang wird dann durch einen passenden NF-Verstärker soweit verstärkt, daß ein Lautsprecher angeschlossen werden kann.

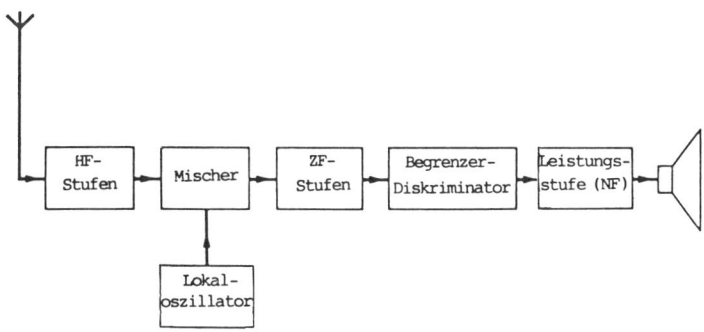

Bild A.7 FM-Empfänger

Im kommerziellen Empfänger als Doppelsuper wird, wie schon früher
erwähnt, die erste ZF häufig zur guten Spiegelfrequenzunterdrückung
bei 10,7 MHz hingelegt und die zweite ZF auf ca. 465 kHz zur guten
Nachbarkanalselektion. FM-Empfänger können mit den gleichen Zusatz-
ausrüstungen versehen werden, die schon bei AM-Empfängern erwähnt
wurden. Zusätzlich wird, da Frequenzstabilität bei FM zwingend nötig
ist, eine Frequenzregelung vorgesehen.

Da die FM-Modulation die FM-Schwelle zur Folge hat, gibt es auch spezielle Demodulatorkonzepte mit Rückkopplung, beispielsweise die PLL-
Technik, bei der die FM-Schwelle von 10 dB auf ca. 5 oder 6 dB abgesenkt werden kann. Details dazu findet man in Abschnitt 6.5.

Anhang G: Synchrondemodulation

Die Bedeutung der Phasen- oder Frequenzkohärenz kann untersucht werden, indem man annimmt, daß der im Empfänger zugesetzte Träger eine
geringfügige Abweichung bezüglich Phase oder Frequenz gegenüber dem
erforderlichen Wert aufweist. Für DSBSC- und SSBSC-Signale wird die
Untersuchung im folgenden durchgeführt, siehe auch Bild A.8.

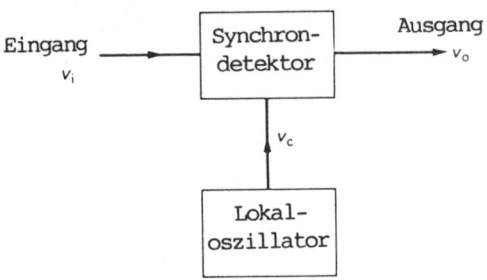

Bild A.8   Zur Synchrondemodulation

Phasenkohärenz

Die lokale Trägerfrequenz $\omega_C/(2\pi)$ sei dieselbe, wie die sendeseitige;
es bestehe jedoch eine beliebige Phasenabweichung ϕ. Das Ausgangssignal des Synchrondetektors ist $v_o = k\,v_iv_c$ und, für DSBSC gilt (siehe
Abschnitt 6.1)

$$v_i = mV_c\sin\omega_ct\,\sin\omega_mt \text{ mit } v_c = \sin(\omega_ct + \phi).$$

Also

$$v_o = kmV_c\sin\omega_ct\,\sin\omega_mt\,\sin(\omega_ct + \phi)$$

$$= kmV_c\sin\omega_ct\,\sin\omega_mt\{\sin\omega_ct\,\cos\phi + \cos\omega_ct\,\sin\phi\}$$

$$= kmV_c\sin^2\omega_ct\,\sin\omega_mt\,\cos\phi + (\frac{kmV_c}{2})\sin 2\omega_ct\,\sin\phi$$

$$= \frac{kmV_c}{2}(1 - \cos 2\omega_ct)\sin\omega_mt\,\cos\phi + \ldots$$

$$= \frac{kmV_c}{2}\sin\omega_mt\,\cos\phi + \ldots$$

Die Modulation steckt im ersten Term; die anderen Terme sind im wesentlichen Harmonische der Trägerfrequenz. Ist $\phi = 0$, so ist v_o maximal, wird $\phi = \pi/2$, so ist $v_o = 0$ und die Modulation verloren gegangen.
Wenn also ϕ kontinuierlich variiert, entsteht ein Fading-Effekt.

Im Falle eines SSBSC-Signals gilt (untere Seitenfrequenz)

$$v_i = (m\,V_c/2)\cos(\omega_c - \omega_m)t$$

also

$$v_o = (\frac{kmV_c}{2})\cos(\omega_c - \omega_m)t\,\sin(\omega_ct + \phi)$$

$$= (\frac{kmV_c}{2})\sin(\omega_ct + \phi)\,\cos(\omega_c - \omega_m)t$$

$$v_o = (\frac{kmV_c}{4}) \left(\sin\{(2\omega_c - \omega_m)t + \phi\} + \sin(\omega_m t + \phi) \right)$$

$$= (\frac{kmV_c}{4}) \sin(\omega_m t + \phi) + (\frac{kmV_c}{4}) \sin\{(2\omega_c - \omega_m)t + \phi\}$$

Die Modulation ist durch den ersten Term gegeben, und man erkennt, daß eine Phasenverzögerung um ϕ vorliegt, die bei $\phi = \pi$ maximal wird. Für Sprache und Musik ist eine geringe Phasenverzögerung unbedeutend.

Frequenzkohärenz

Da eine Frequenzabweichung $\delta\omega_c/(2\pi)$ einer Phasenabweichung $\phi = \delta\omega_c t$ entspricht, kann der Einfluß einer Frequenzabweichung dadurch berechnet werden, indem man in die Ausdrücke weiter vorn $\delta\omega_c t$ statt ϕ einsetzt. Für ein einlaufendes DSBSC-Signal ergibt sich für v_o

$$v_o = (\frac{kmV_c}{2}) \sin \omega_m t \cos \phi + \ldots = (\frac{kmV_c}{2}) \sin \omega_m t \cos \delta\omega_c t$$

$$= (\frac{kmV_c}{4}) \left(\sin(\omega_m + \delta\omega_c)t + \sin(\omega_m - \delta\omega_c)t \right)$$

Am Ausgang ergeben sich also zwei Modulationsfrequenzen, die geringfügig von der der Originalmodulation abweichen, und dies verursacht Verzerrungen.

Für ein einlaufendes SSBSC-Signal wird

$$v_o = (\frac{kmV_c}{4}) \sin(\omega_m t + \phi) + \ldots = (\frac{kmV_c}{4}) \sin(\omega_m + \delta\omega_c)t$$

und auch hier erkennt man Verzerrungen, jedoch nur aufgrund einer einzigen Modulationsfrequenz. Dies läuft auf einen Frequenzversatz im demodulierten Signal hinaus.

Anhang H: Detektoren

Quadratischer Detektor

Für das Eingangssignal mit überlagertem Schmalbandrauschen gilt

$$v_i = V_c \sin \omega_c t + x(t) \sin \omega_c t + y(t) \cos \omega_c t$$

Der Ausgangsstrom des Detektors ist $i_o = k\, v_i^2$ mit der Konstanten k.

Also $\qquad i_o = k(\{V_c + x(t)\}\sin \omega_c t + y(t)\cos \omega_c t)^2$

$$= \frac{k}{2}(\{V_c + x(t)\}^2(1 - \cos 2\omega_c t)$$

$$+ \{V_c + x(t)\}y(t)\sin 2\omega_c t + y^2(t)(1 + \cos 2\omega_c t))$$

$$= \frac{k}{2}(V_c^2 + 2V_c x(t) + x^2(t) + y^2(t))$$

$$- \frac{k}{2}(V_c^2 + 2V_c x(t) + x^2(t) - y^2(t))\cos 2\omega_c t$$

$$+ \frac{k}{2}(V_c y(t) + x(t)y(t))\sin 2\omega_c t$$

Für großes Signal-Rauschverhältnis, also $V_c \gg x(t)$, sind Ausgangssignal- und Rauschleistung an einer 1 Ω Last

$$S_o = (kV_c^2/2) = k^2 V_c^4/4$$

$$N_o = \overline{(kV_c x(t))^2} = k^2 V_c^2 \overline{x^2(t)}$$

da die Rauschbeiträge über die Terme $x^2(t)$ und $y^2(t)$ vernachlässigbar sind. Analog folgt für die Eingangssignal- und Rauschleistung

$$S_i = (V_c/\sqrt{2})^2 = V_c^2/2$$

$$N_i = \frac{1}{2}\overline{(x^2(t) + y^2(t))} = \overline{x^2(t)}$$

da $x(t)$ und $y(t)$ unabhängige Gaußvariable sind. Also folgt

$$S_i/N_i = V_c^2/(2\,\overline{x^2(t)})$$

und $\qquad S_o/N_o = V_c^2/(4\,\overline{x^2(t)})$

also $\qquad (S_o/N_o) = \frac{1}{2}(S_i/N_i)$

und so ergibt sich ein Verlust von 3 dB durch den Detektor.

Anmerkung

Es läßt sich allgemein zeigen, daß gilt

$$\frac{S_o}{N_o} = \frac{(S_i/N_i)^2}{1 + 2(S_i/N_i)}$$

und für sehr kleine Werte von S_i/N_i ergibt sich dann

$$(S_o/N_o) \simeq (S_i/N_i)^2$$

Linearer Detektor

Das Eingangssignal mit überlagertem Gaußrauschen läßt sich ausdrücken

$$v_i = V_c \sin \omega_c t + x(t)\sin \omega_c t + y(t)\cos \omega_c t$$

$$= A(t)\sin(\omega_c t + \phi)$$

wobei $\quad A(t) = (\{V_c + x(t)\}^2 + y^2(t))^{1/2} \quad$ und $\quad \phi = \text{arc } \tan(\dfrac{y(t)}{V_c + x(t)})$

Die Ausgangsspannung v_o ist der Spitzenwert, also die Einhüllende von v_i. Damit gilt

$$v_o = A(t) = (\{V_c + x(t)\}^2 + y^2(t))^{1/2}$$

Für großes Signal-Rauschverhältnis, also $V_c \gg x(t)$, sind Ausgangs-signal- und Rauschleistung an der $1\,\Omega$ Last

$$S_o = V_c^2$$

$$N_o = \frac{1}{2}\overline{(x^2(t) + y^2(t))} = \overline{x^2(t)}$$

da $x(t)$ und $y(t)$ unabhängige Gaußvariablen sind. Es wird also

$$S_o/N_o = V_c^2 / \overline{x^2(t)}$$

Analog gilt für die Eingangsleistungen

$$S_i = V_c^2 / 2$$

und $\qquad N_i = \frac{1}{2}\overline{(x^2(t) + y^2(t))} = \overline{x^2(t)}$

mit $\qquad S_i/N_i = V_c^2 / 2\overline{x^2(t)}$

also $\qquad (S_o/N_o) = 2(S_i/N_i)$

Es ergibt sich also ein Gewinn von 3 dB durch den Detektor.

Anmerkung

Für niedrige Werte von S_i/N_i verhalten sich linearer und quadratischer Detektor gleich, so daß gilt

$$(S_o/N_o) \approx (S_i/N_i)^2$$

Synchrondetektor

Das Eingangssignal mit Schmalbandrauschen sei v_1 und das kohärente Signal des Lokaloszillators v_2, also

$$v_1 = V_1 \sin \omega_c t + x(t)\sin \omega_c t + y(t)\cos \omega_c t$$

$$v_2 = V_2 \sin \omega_c t$$

und mit der Proportionalitätskonstante k gilt vo = k $v_1 v_2$ für die Ausgangsspannung, also

$$v_o = k\{V_1 + x(t)\}V_2 \sin^2 \omega_c t + kV_2 y(t)\sin \omega_c t \cos \omega_c t$$

$$= \frac{kV_2}{2}\{V_1 + x(t)\}(1 - \cos 2\omega_c t) + \frac{V_2}{2}y(t)\sin 2\omega_c t$$

Die ausgangsseitige Signalleistung an 1 Ω ist also

$$S_o = k(V_1 V_2/2)^2$$

und die mit dem Signal kohärente Ausgangs-Rauschleistung

$$N_o = k(V_2/2)^2 \overline{x^2(t)}$$

Also $S_o/N_o = v_1^2/\overline{x^2(t)}$

Analog gilt für die eingangsseitigen Leistungen

$$S_i = v_1^2/2$$

und $N_i = \overline{x^2(t)}$

mit $S_i/N_i = v_1^2/(2\overline{x^2(t)})$

also $(S_o/N_o) = 2(S_i/N_i)$

und so ergibt sich ein Gewinn von 3 dB für alle Werte von S_i/N_i.

Anhang I: Rückkopplungsschleifen

Frequenzregelschleife

Bild 6.11 zeigt die Blockschaltung der Frequenzregelschleife (frequency-lockeed loop FLL). Vernachlässigt man Verzögerungen in der Schleife und nimmt ein rauschfreies Eingangssignal an, gilt

$$v_i(t) = V_c \sin(\omega_c t + \theta_i(t))$$

wobei $\theta_i(t)$ der Augenblicksphasenwinkel ist, der vom Typ der Winkelmodulation abhängt. Nimmt man an, daß sich die Kreisfrequenz um den Wert $\Delta\omega$ pro Einheit der modulierenden Spannung m(t) verändert, gilt

$$\theta_i(t) = \Delta\omega\, m(t)$$

und die Augenblicksfrequenz ω_i ist dann

$$\omega_i = \omega_c + \frac{d}{dt}\bigl(\theta_i(t)\bigr) = \omega_c + \Delta\omega\, m'(t) = \omega_c + \dot{\theta}_i(t)$$

da $\qquad \dot{\theta}_i(t) = \Delta\omega\, m'(t).$

Die Ausgangsspannung des Diskriminators sei $v_d(t)$, dann ist die Frequenzänderung am Ausgang des VCO's gegeben durch $\beta v_d(t)$ aufgrund des Rückkopplungsfaktors ß. Die entsprechende Änderung der Differenzfrequenz nach dem Mischer ist dann $\Delta\omega\, m'(t) - \beta v_d(t)$. Die Ausgangsspannung des Diskriminators ist dann (bei linearer Kennlinie)

$$v_d(t) = K_d\bigl(\Delta\omega\, m'(t) - \beta\, v_d(t)\bigr)$$

wobei K_d die Diskriminatorkonstante in V/Hz ist. Es wird also

$$v_d(t) = \frac{K_d}{1 + \beta K_d}\, \Delta\omega\, m'(t)$$

und $\qquad v_o(t) \simeq A\, \dot{\theta}_i(t)$

falls $\beta \gg 1$, $A = 1/\beta$ und $\dot{\theta}_i(t) = \Delta\omega\, m'(t)$.

Dies Ergebnis zeigt, daß eine eingangsseitige Frequenzänderung dω durch die geschlossene Regelschleife um den Rückkopplungsfaktor ß reduziert wird. Folglich kann, falls ß groß ist, das Bandfilter in der Schleife viel schmalbandiger ausfallen, als die Signalbandbreite vor der Schleife erfordert. Üblicherweise wird es so breit gemacht, daß ein Paar von Seitenfrequenzen noch durchgelassen wird.

Phasenregelschleife

Bild 6.12 zeigt die Blockschaltung der Phasenregelschleife (phase-locked loop PLL). Nimmt man an, daß Eingangs- und rückgeführte Frequenz gleich sind, so detektiert der Phasendetektor den Phasenunterschied zwischen Eingangs- und VCO-Spannung. Für ein sin-förmiges Eingangssignal wird zwischen beiden Spannungen 90° Phasenverschiebung angesetzt, und es gilt

$$v_i(t) = A_1 \sin\bigl(\omega_c t + \theta_i(t)\bigr)$$

$$v_f(t) = A_2 \cos\bigl(\omega_c t + \theta_f(t)\bigr)$$

und $\qquad v_c(t) = K A_1 \sin\bigl(\omega_c t + \theta_i(t)\bigr) A_2 \cos\bigl(\omega_c t + \theta_f(t)\bigr)$

Nach Tiefpaßfilterung wird daraus

$$v_c(t) = K_c \sin\bigl(\theta_i(t) - \theta_f(t)\bigr)$$

wobei $K_c = K\,A_1 A_2/2$ gesetzt wurde. Geht man von geringer Phasenabweichung $\theta_i(t) - \theta_f(t)$ aus, läßt sich linearisieren und es ergibt sich

$$v_o(t) \simeq K_c\bigl(\theta_i(t) - \theta_f(t)\bigr)$$

Das Ausgangssignal des Schleifenfilters ist $v_o(t)$; die Ausgangsspannung des VCO's hat die Kreisfrequenz $\omega_f(t) = K_f v_o(t)$ mit der Proportionalitätskonstanten K_f und den Phasenwinkel $\theta_f(t)$, der über die Integration folgt

$$K_f \int_0^t v_o(t)\,dt = \theta_f(t)$$

oder $$v_0(t) = \frac{d}{dt}\Bigl(\frac{1}{K_f}\theta_f(t)\Bigr) = \frac{1}{K_f}\dot{\theta}_f(t)$$

Bei hoher Schleifenverstärkung ist $\theta_i(t) \simeq \theta_f(t)$, so daß gilt

$$v_o(t) \simeq A\,\dot{\theta}_i(t)$$

wobei $A = 1/K_f$ gesetzt wurde. Das Resultat zeigt, daß die PLL sich wie ein FM-Demodulator verhält.

Literaturverzeichnis

Im Literaturverzeichnis findet man die Literaturhinweise aus dem englischen Original ergänzt um deutschsprachige Quellen.

[1]   Kennedy, G.: Electronic Communication Systems. McGraw-Hill (1977)

Fricke, H., Lamberts, K. und Patzelt, E.:Grundlagen der elektrischen Nachrichtenübertragung. Teubner (1979)

Zinke, O. und Brunswig, H.: Lehrbuch der Hochfrequenztechnik, 2. Band, 3. Auflage. Springer (1987)

[2]   Peebles, P. Z.: Communication System Principles, Chapter 7. Addison-Wesley (1976)

Hölzler, E. und Holzwarth, H.: Pulstechnik, Band 1 und 2, zweite Auflage. Springer (1982, 1984)

Herter,E. und Lörcher,W.: Nachrichtentechnik, 4. Auflage. Hanser (1987)

[3]   Connor, F. R.: Noise, Chapter 6. Edward Arnold (1982)

Connor, F. R.: Rauschen, Kapitel 6. Vieweg (1987)

[4]   Dixon, R. C. (ed): Spread Spectrum Techniques. IEEE Press (1976)

Dodel, H. und Baumgart, M.: Satellitensysteme für Kommunikation, Fernsehen und Rundfunk. Hüthig (1986)

[5]   Golomb, S. W.: Digital Communications With Space Applications. Prentice-Hall (1964)

[6]   Clarke, K. K. and Hess, D. T.: Communication Circuits, Analysis and Design. Addison-Wesley (1971)

Freyer, U.: Nachrichtenübertragungstechnik. Hanser (1981)

[7]   Pappenfus, E. W. et al.: Single Sideband Principles and Circu-
      its. McGraw-Hill (1964)

[8]   Proceedings Institute of Radio Engineers, 44, 1661, 1956, (Single
      Sideband Issue).

      Holzwart, H.: Einseitenbandmodulation in der Richtfunktechnik.
      NTF, 19 (1960), 86 - 91.

[9]   Turner, L. W.: Electronic Engineer's Reference Book. Newes-But-
      terworth (1976)

      Bernath, K. W.: Grundlagen der Fernseh-System- und Schaltungs-
      technik. Springer (1982)

      Mäusl, R.: Fernsehtechnik. Pflaum (1981)

[10] Bray, W. J. and Morris, D. W.: Single-Sideband Multichannel Oper-
      ation of Short-Wave Point-to-Point Radio Links. Post office Elec-
      trical Engineers Journal, 45, 97, October 1952

[11] Fink, D. G.: Electronics Engineer's Handbook. McGraw-Hill (1971)

      Rothe, H. und Kleen, W.: Elektronenröhren als End- und Senderver-
      stärker. Geest & Portig (1953)

      Philippow, E. (Hrsg): Taschenbuch Elektrotechnik, Band 4, Kapitel
      2. Hanser (1979)

[12] Carson, J. R.: Notes on the Theory of Modulation. Proceedings
      Institute of Electrical and Electronic Engineers, 51, 893, 1963

[13] Taub, H. and Schilling, D. L.: Principles of Communications.
      McGraw-Hill (1071)

      Voges, E.: Hochfrequenztechnik, Band 2. Hüthig (1987)

[14] Cook, A. B. and Liff, A. A.: Frequency Modulation Receivers.
      Prentice-Hall (1968)

[15] Panter, P. F.: Modulation, Noise and Spectral Analysis. McGraw-Hill (1965)

v. Recklinghausen, D.: Die Eigenschaften eines UKW-Empfangsteiles. Funkschau 37 (1965), 147-150 und 197-200.

[16] Mandl, M.: Fundamentals of Electronics. Prentice-Hall (1973)

[17] Armstrong, H.: A Method of Reducing Disturbances in Radio Signalling by a System of Frequency Modulation. Proceedings Institute of Electrical Engineers, 24, 689, May 1936.

[18] Connor, F. R.: Signals. Edward Arnold (1982)

Connor, F. R.: Signale. Vieweg (1986)

[19] Fitch, E.: The Spectrum of Modulated Pulses. Journal Institute of Electrical Engineers, 94, Part 3A, 556, 1947.

[20] Oliver, B. M. et al.: The Philosophy of PCM. Proceedings Institute of Radio Engineers, 36, 1324, November 1948.

Philippow, E. (Hrsg): Tachenbuch Elektrotechnik, Band 4, Kapitel 1. Hanser (1979)

[21] Cattermole, K. W.: Principles of Pulse Code Modulation. Iliffe (1969)

Mäusl, R.: Digitale Modulationsverfahren, Kap. 2. Hüthig (1985)

[22] Haykin, S.: Communication Systems, Chapter 6. John Wiley (1978)

[23] Schouten, J. F. et al.: Delta Modulation. Philips Technical Review, 13,237, March 1952

[24] Abate, J. E.: Linear and Adaptive Delta Modulation. Proceedings Institute of Electrical and Electronic Engineers, 55, 298-308, March 1967.
Block, R.: Adaptive Deltamodulationsverfahren für Sprachübertra-

gung – eine Übersicht. NTZ 25 (1963) 499 – 502.

[25] Inosi, H. and Yasuda, Y.: A Unity Bit Coding Method by Negative Feedback. Proceedings Institute of Electrical and Electronic Engineers, 51, 1524 November 1963

[26] Devereux, V. G.: Application of PCM to Brodcast Quality Video Signals. The Radio and Electronics Engineer, 44, 373 – 381, July 1974

[27] Jayant, N. S.: Digital Coding of Speech Waveforms, PCM, DPCM, and DM quantizers. Proceedings Institute of Electrical and Electronic Engineers, 62, 611 – 632, May 1974.

[28] Connor, F. R.: Noise, Chapter 3. Edward Arnold (1982)

Connor, F. R.: Rauschen, Kapitel 3. Vieweg (1987)

Lücke, H. D.: Signalübertragung, 2. Auflage Springer (1979)
[29] Dixon, R. C.: Spread Spectrum Systems. John Wiley (1976)

[30] Baier, P. W. and Pandit, M.: Spread Spectrum Communication Systems. Advances in Electronics and Electron Physics, 53, 209–267, 1980.

Aldinger, M. et al.: Spektrale Spreizung als Multiplexverfahren. NTZ 28 (1975) 79 – 88.

[31] Haykin, S.: Communication Systems, Chapter 5. John Wiley (1978)

[32] Peebles, P. Z.: Communication System Principles, Chapter 5. Addison-Wesley (1976)

[33] Foster, D. E. and Seeley, S. W.: Automatic Tuning, Simplified Circuits and Design Practice. Proceedings Institute of Radio Engineers, 25, 289, 1937.

[34] Seeley, S. W.: The Ratio Detector. RCA Review, 8, 201,1947.

[35] Wobscall, D.: Circuit Design for Electronic Instrumentation. McGraw Hill (1979)

[36] Klapper, J. and Franke, J. T.: Phase-Locked and Frequency-Feedback Systems. Academic Press (1972).

Kühne, F.: Gegenkopplungsdemodulation von frequenzmodulierten Signalen. AEÜ 21 (1967), 383 - 390 und 507 - 518.

[37] Rice, S. O.: Noise in FM Receivers. Proceedings of the Symposium on Time Series Analysis, Chapter 25, 395 - 424. John Wiley (1963)

[38] Gardner, F. M.: Phase Lock Techniques. John Wiley (1979)

Best, R.: Theorie und Anwendung des Phase-Locked Loops, 3. Auflage. AT-Verlag (1982)

[39] Linsey, W. C. and Simon M. K.: Telecommunication Systems Engineering. Prentice-Hall (1973)

[40] Didday, R. L. and Linsey, W. C.: Subcarrier Tracking Methods. Institute of Electrical and Electronic Engineers Transactions, Com-16, 541 - 550, August 1968.

[41] Peebles, P. Z.: Communication System Principles, Chapter 8. Addison-Wesley (1976)

Gerdsen, P.: Digitale Übertragungstechnik, Kapitel 14. Teubner (1983)

[42] Schwartz, M. et al.: Communication Systems and Techniques. McGraw-Hill (1966)

Unbehauen, R.: Systemtheorie. Oldenbourg (1982)

[43] Golomb, S. W. et al.: Shift Register Sepuences. Holden-Day (1967)

Sachwortverzeichnis

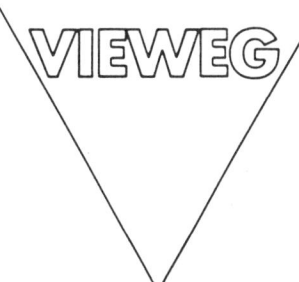

F. R. Connor

Signale

Typen, Übertragung und Verarbeitung elektrischer Signale.

Aus dem Englischen übersetzt von Henning Früchting. 1986. X, 147 Seiten mit 89 Abbildungen. 16,2 x 22,9 cm. Kartoniert.

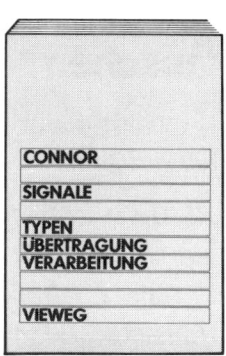

Inhalt: Einleitung – Signalanalyse – Netzwerkantwort – Signalübertragung – Signalverarbeitung – Informationstheorie – Aufgaben – Lösungen – Anhang.

Auf dem Gebiet der Nachrichtentechnik wird der Themenbereich Signale behandelt. Das Buch stellt in knapper Form die wichtigsten Zusammenhänge dar. Zugunsten von Anwendungsbeispielen werden schwierige mathematische Beweise durch Plausibilitätsbetrachtungen ersetzt. So eignet sich das Buch auch bestens als Repetitorium.

„... Das Buch eignet sich gut zum Einstieg in die digitale Übertragungstechnik für in der Praxis tätige Ingenieure. Gute Dienste kann es auch den Studenten an Fachhochschulen und Technischen Hochschulen leisten." VDI / VDE-Informationen

VIEWEG

F. R. Connor

Rauschen

Zufallssignale, Rauschmessung, Systemvergleich.

Aus dem Englischen übersetzt von Henning Früchting. 1987. X, 165 Seiten mit 77 Abbildungen. 16,2 x 22,9 cm. Kartoniert.

Inhalt: Einleitung – Wahrscheinlichkeit und Statistik – Korrelationsmethoden – Elektronisches Rauschen – Rauschmessung – Systeme – Aufgaben – Lösungen – Anhang.

Die Grundbegriffe des in Kommunikationssystemen immer vorhandenen elektrischen Rauschens werden in knapper Form zusammengestellt, ein Themenbereich von entscheidender Bedeutung in der Elektronik und Telekommunikation. Der Text enthält viele Aufgaben und durchgerechnete Beispiele, die das Verständnis erleichtern und die Anwendungen zeigen. Im letzten Kapitel werden vergleichende Betrachtungen verschiedener analoger und digitaler Kommunikationssysteme durchgeführt.

CONNOR

RAUSCHEN

ZUFALLSSIGNALE
RAUSCHMESSUNG
SYSTEMVERGLEICH

VIEWEG